KinoCode プログラミングシリーズ

あなたの仕事が一瞬で片付く

Pythonによる自動化仕事術

YouTube キノコード プログラミング学習チャンネル 連動

著 キノコード

Rutles

はじめに

本書はPythonによる仕事の自動化を、プログラミングが初めての人でも分かるように基礎から解説した一冊です。

会社でルーティン業務に追われて、本来やるべき業務への時間を取れずに悩んでいませんか？　定期的にExcelでレポートを作成したり、業務連絡をメールで送ったり…これらの1回の作業時間は短いですが、年間で換算すると膨大な時間がかかっているはずです。

本書はこうした業務の効率化に苦悩する、ビジネスパーソンにうってつけの内容になっています。 この一冊を最後まで学習していただければ、ExcelやGmailの自動化、Webスクレイピングができるようになります。 学習したことを応用すれば、会社で日々行っている多くの仕事を自動化できることでしょう。

また本書の内容は、全てKinoCodeのYouTube動画と連動しており、ページに設置されたQRコードを読み取って動画をご視聴いただくことができます。

私は「より多くの人に、より質の高い学習の機会を」というコンセプトで、プログラミングやIT用語の解説をYouTubeで配信してきました。

本は一度にまとまった情報を整理してインプットできますが、作成したプログラムがどのように動くかは見えづらいというデメリットがあります。

本書を片手に、動画も併せて見ていただくことで、初めてプログラミングを学ぶ方でもスムーズに内容を理解いただけるはずです。

さらに本書をきっかけにプログラミングに興味を持っていただいた方は、YouTubeで本書の内容を超えて無料で学習を進めていただくこともできます。

学習を進めるにあたり、プログラミングが初めての人は、Part1から順に学習するようにしてください。

Part1でPythonの基礎を、Part2でPythonライブラリのPandasを学んでいただきます。

これらは自動化のプログラムを作成するベースとして必要となる大事な知識です。Pythonの学習歴がある人は、Part1と2はスキップしていただいても構いません。

学習を進めていくうちに、会社の業務を自動化するアイディアが自然と湧いてくると思います。 是非そのアイディアを実現して、業務の効率化を推進してください。本書がビジネスシーンでお役に立てば幸いです。

2021年11月

contents

●本書の読み方およびサンプルデータについて

本書の内容は、YouTube「キノコード / プログラミング学習チャンネル」と連動した内容になっています。

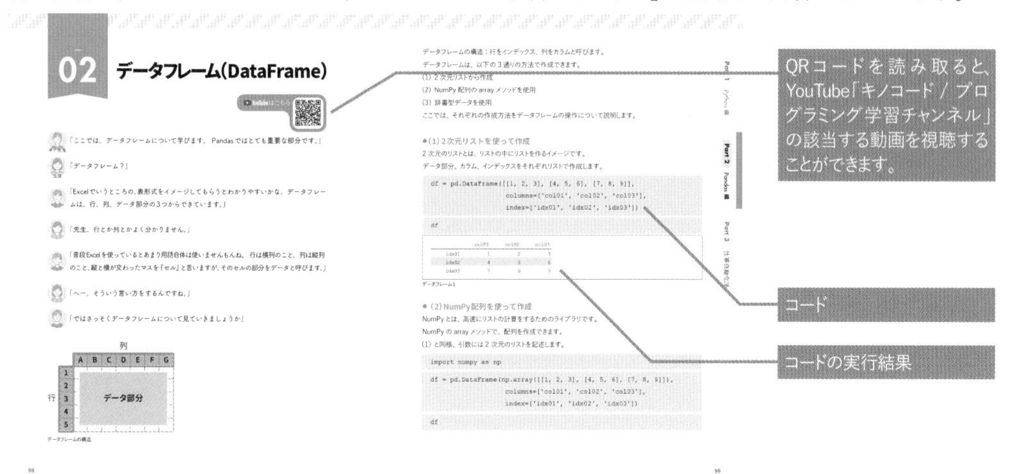

●サンプルデータのダウンロード

本書のPart2「Pandas編」およびPart3「仕事自動化法」で使用するサンプルデータは以下のURLよりダウンロードできます。
https://Kino-code.com/book/python01/data.zip

●サンプルデータフォルダ「Data」の保存先について

上記URLよりdata.zipをダウンロードし、解凍してください。

なお、本書で説明しているPythonの実行環境、Jupyter Labではデフォルトはホームディレクトリが開かれるため、Dataフォルダをホームディレクトリ直下に保存すれば、そのまま実行できます。

例えば、Windowsでのファイルパスは「 'file_path = ./Data/MyPandas/sample.csv'」というようになります。
macOSでは「 'file_path = /Users/username/Data/MyPandas/sample.csv'」のようになります。

Dataフォルダを別の場所に保存した場合、別途Jupyter LabのFileメニュー「 Open from Path...」からDataフォルダを指定することになります。
その場合、本書サンプルコードのファイルパス部分の書き換えが必要になりますので、ホームディレクトリ直下にDataフォルダを置くことをお勧めいたします。

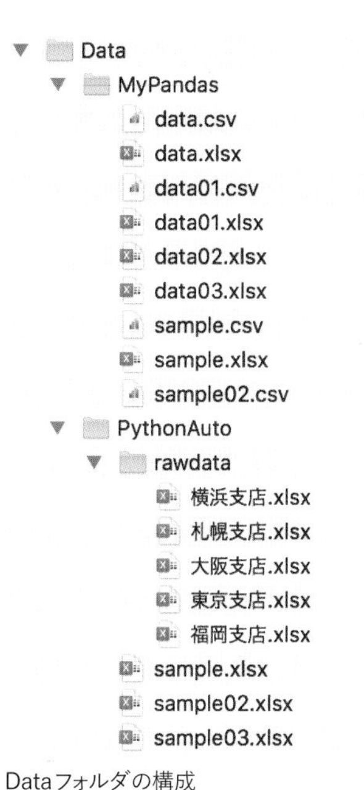

Dataフォルダの構成

Part 1

Python 編

最初のパートでは、Python で仕事の自動化をするために
最低限必要なプログラミングの知識について解説します。

Pythonとは

Python は、1991 年にオランダ人のグイド・ヴァンロッサム氏によって開発された**オブジェクト指向言語**です。

オブジェクト指向言語とは、データと処理を 1 セットとしてプログラムを組み立てていく開発手法に適した言語のことです。

Google や Meta（旧 Facebook）といった世界規模のテクノロジー企業でも、社内の標準プログラミング言語として Python が採用されています。

また、2019 年の stackoverflow による調査では、Python が「好きなプログラミング言語ランキング」2 位に選ばれ、非常に人気の高い言語です。

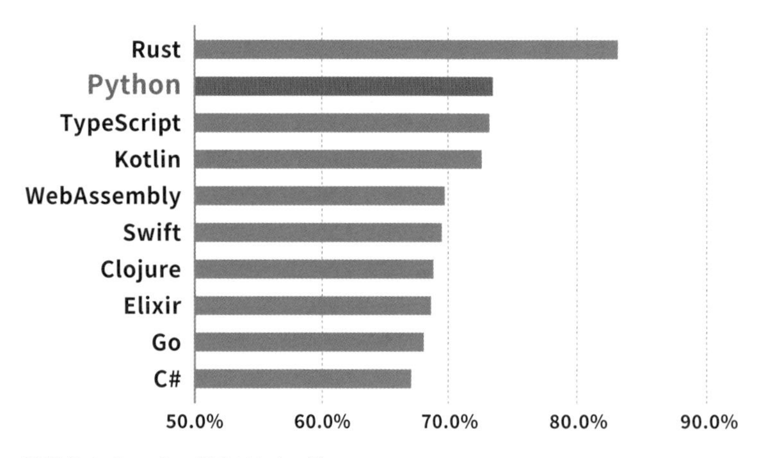

2019 年 stackoverflow 調査のランキング

Python は初学者でも学びやすく、コードが読みやすくて書きやすいということが人気の高い理由の一つです。

実際に、C 言語と Python のコードを比較してみましょう。

「Hello World」と表示させるコードを次に示します。

C 言語

```
#include <stdio.h>

int main() {
printf("" Hello World\n"" );
}
```

C 言語で記述した Hello World

ご覧の通り、C 言語では 4 行必要ですが、Python はたったの 1 行です。

このように、読みやすくて書きやすい言語のことを**スクリプト言語**といいます。

Python

```
print(' Hello World' )"
```

Python で記述した Hello World

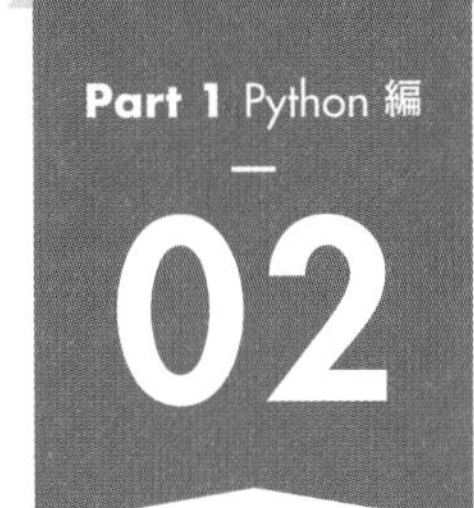

Pythonでできること

YouTubeはこちら

Python を学ぶと、人工知能開発、データ分析、Web アプリケーション開発などができるようになります。より身近なものでは、面倒な仕事を一瞬で自動化することもできます。

Python には人工知能開発のための **scikit-learn**、データ解析には **Pandas**、数値計算には **NumPy** といった豊富なライブラリが用意されており、効率的に人工知能開発を行うことができます。

主なライブラリ一覧

※ライブラリとは、よく使う機能や関数をまとめて、簡単に使えるようにしたものです。

Pythonの環境構築

このセクションでは、Python を実行できる環境を整える方法を説明します。
本書では主に、Anaconda の Jupyter Lab を使用します。
Anaconda とは、Python で使用される様々なライブラリが搭載されたディストリビューションです。
以下の公式サイトよりダウンロードが可能です。

Anaconda
https://www.anaconda.com/products/individual

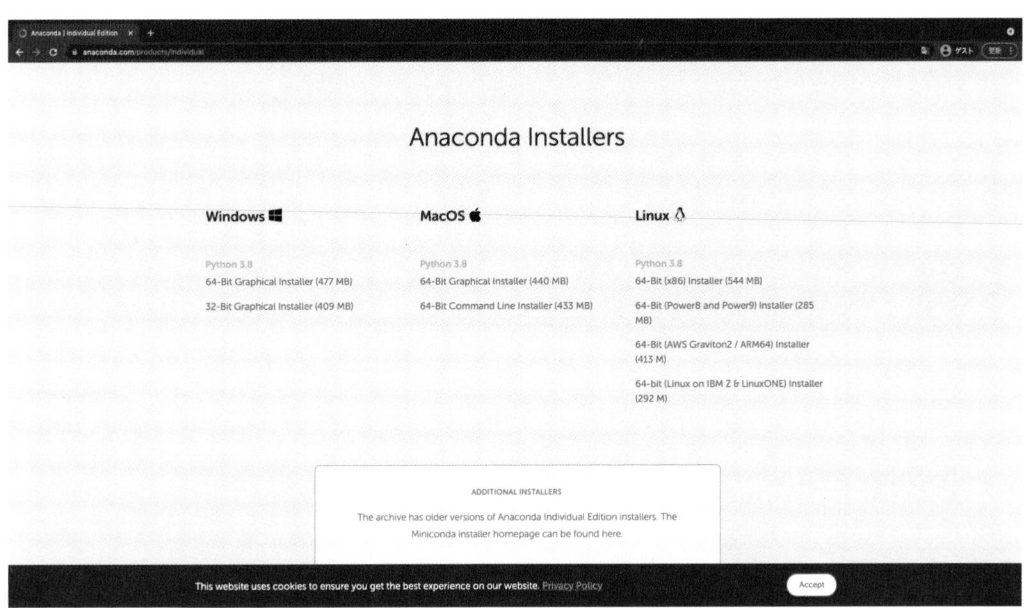

Anacondaのインストーラーダウンロードページ

2-1 環境構築 for Mac

ここでは、Mac での環境構築方法を解説します。

MacOS 64-bit Graphical Installer をクリックします。

ダウンロードが完了後、pkg ファイルを開くとインストーラーが起動します。

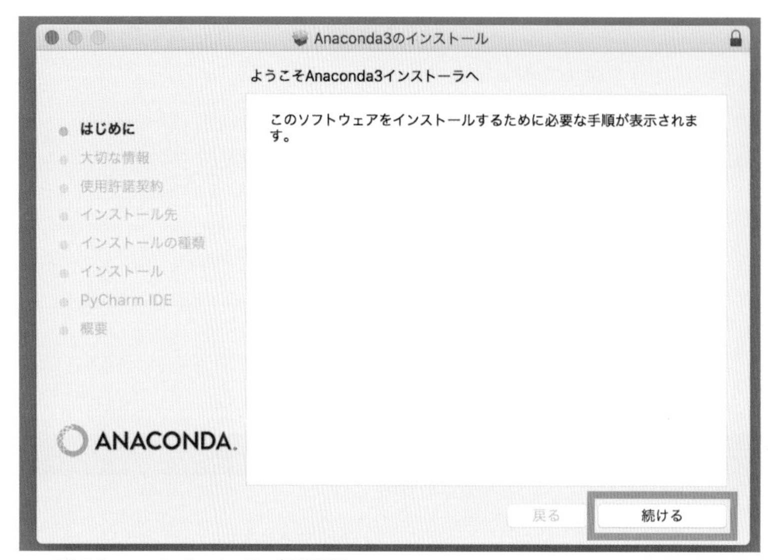

macOS の Anaconda インストーラー起動画面

指示に従って、「続ける」をクリックしましょう。

インストールに使ったファイルは削除して構いません。

これで、Anaconda の設定は完了です。

2-1 環境構築 for Windows

ここでは、Windows での環境構築方法を解説します。

お使いのバージョンに合うものをダウンロードし、exe ファイルを開くとセットアップ画面が起動します。

Windows の Anaconda インストーラー画面

指示に従い、「次へ」をクリックします。

インストールが完了したら、パスの設定を行います。

Windows の検索欄で「システム環境変数」と入力し、「環境変数」をクリックします。

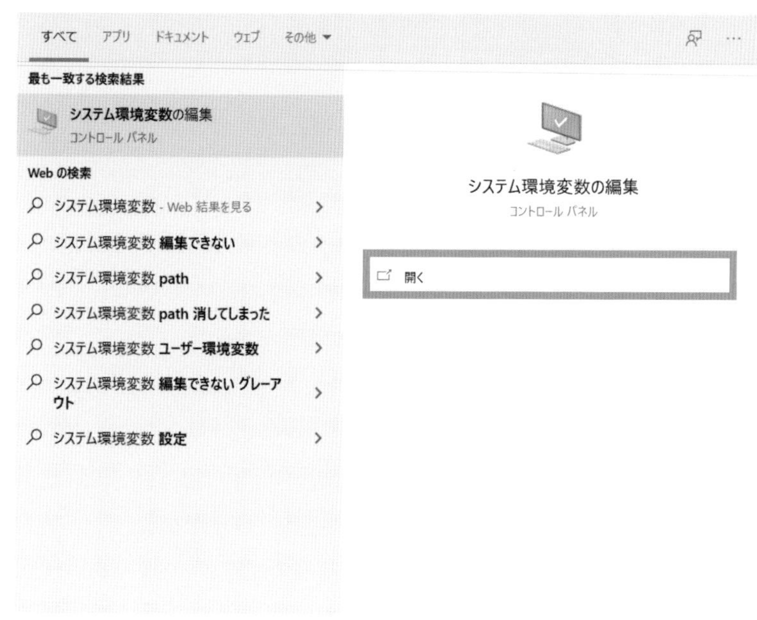

パス設定①

システムのプロパティ
コンピューター名
ハードウェア
詳細設定
システムの保護
リモート
Administrator としてログオンしない場合は、これらのほとんどは変更できません。
パフォーマンス
視覚効果、プロセッサのスケジュール、メモリ使用、および仮想メモリ
設定(S)...
ユーザー プロファイル
サインインに関連したデスクトップ設定
設定(E)...
起動と回復
システム起動、システム障害、およびデバッグ情報
設定(T)
環境変数(N)...
OK
キャンセル
適用(A)

環境変数をクリック

システム環境変数内の Path をクリックします。

パス設定②

新規をクリックし、Anacondaをインストールした場所を入力します。

パス設定③

パス設定④

パスの設定は以上です。

環境変数の設定を反映させるため、PC を再起動しましょう。

最後に、コマンドプロンプトを開いて「python -v」と入力し、バージョンが返ってきたらインストール成功です。

```
コマンドプロンプト
Microsoft Windows [Version 10.0.19043.1348]
(c) Microsoft Corporation. All rights reserved.

C:¥Users¥KinoCode>pyton -V
```

パス設定⑤

プログラムの基本構造

生徒

「ちょっと難しそうなタイトルですね…」

キノ先生

「そうだね。プログラミングと聞いて何をイメージしますか？」

「ん〜、ゲームを作ったりするのかな…。」

「プログラミングを学習すると、たくさんのことができます。
例えば、インターネットのサービスや人工知能、スマホアプリ、ゲームももちろん作れます。」

「でも、複雑なことをしているイメージ。作るのは難しそう…。」

「実は、プログラムの動きは非常にシンプルなのです。**順次進行**、**条件分岐**、**繰り返し**の3つだけです。この3つを合わせて**プログラムの基本構造**といいます。」

基本構造	
	1 順次進行
	2 条件分岐
	3 繰り返し

プログラムの基本構造

順次進行

YouTubeはこちら

「一つずつ見ていきましょう。まずは順次進行です。」

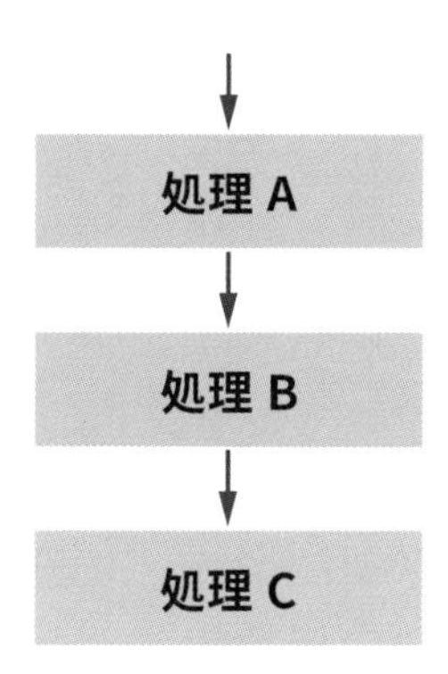

プログラムの基本構造_順次進行

「順次進行とは、上から順に処理を実行するプログラム構造のことです。
例えば、次のようなソースコードを見てみましょう。」

```
print('おはよう')
print('こんにちは')
print('こんばんは')
```

```
おはよう
こんにちは
こんばんは
```

順次進行のソースコード例

「ソースコードと同じ順番で表示されましたね！」

「このように、上から順番に実行されるプログラム構造を順次進行といいます。」

条件分岐

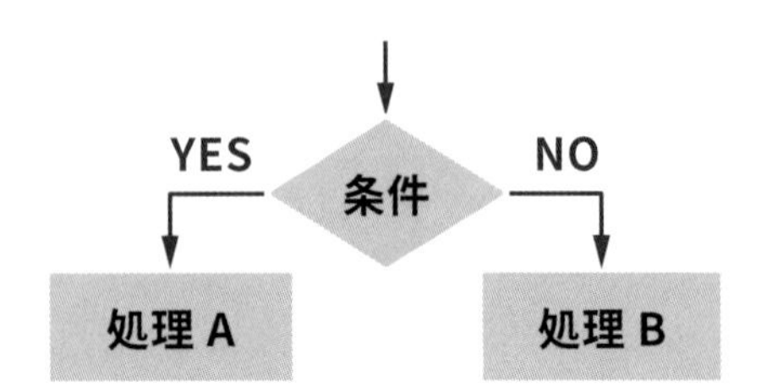

プログラムの基本構造_条件分岐

「続いて、条件分岐です。
条件分岐とは、ある条件を与えた時に当てはまるものは処理A、そうでない場合は処理Bを実行させるプログラム構造のことです。」

「う〜ん…。」

「ちょっと、難しくなってきましたね。ソースコードを例に見てみましょう。」

```
age = 10

if age >= 20:
    print('adult')
else:
    print('child')
```

```
child
```

条件分岐のソースコード例

「例えばこれは、あるデータの値が20以上なら「大人」、20未満なら「こども」と表示させるプログラムです。
このプログラムの書き方についてはまた後で教えるけれど、ひとまず、データの値が10とすると「大人」と「こども」のどちらですか？ 」

「こどもですね！」

「そうですね。
つまりこのプログラムでは、「こども」に関する記述の「print(‘child’)」が実行されて、画面上には「child」と表示される仕組みです。
これが、条件分岐です。
イメージついたかな？」

「なるほど～！　条件に当てはまらないadultの行は実行されないという仕組みですね。」

繰り返し

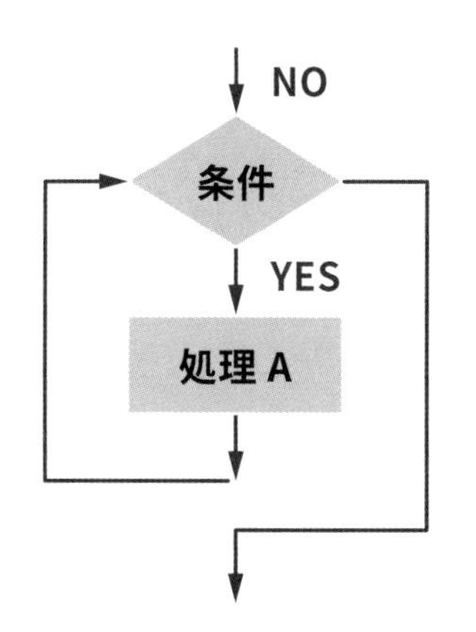

プログラムの基本構造_繰り返し

「最後に、繰り返しです。
繰り返しとは、決まった回数や条件を満たすまで同じ処理を繰り返すプログラム構造のことです。
反復処理と言ったりします。」

「ぐるぐる繰り返すのですね。
同じ処理が永遠に繰り返されるのですか？」

「いいえ、ちゃんと特定の場合に実行を止めるコードがあります。
繰り返しのコードの書き方については、後（P-57）で解説をしますね。」

「いかがでしたか?
ここでは、プログラムの基本構造は**順次進行**、**条件分岐**、**繰り返し**の3つがあるのだと覚えておきましょう！」

「わかりました！」

COLUMN

興味があるなら今すぐプログラミングの学習を始めよう

私はプログラミング学習をはじめる時、色々な疑問や不安を抱えていました。
例えば、プログラミングはどうやって勉強したらいいの？　どんな言語を勉強すれば良いの？　プログラミングスクールに通わなきゃダメなの？　などなど。そんな疑問に頭を悩ませながら時間だけが過ぎていきました。
でも今になって振り返ると、もじもじしていないで早く学習をはじめるべきだったと思います。
今はYouTubeなど、インターネット上の無料の教材を使って気軽に学習を始めることができます。
最初から高価な教材を買ったり、プログラミングスクールに通ったりする必要はありません。
少しでも興味があるのなら、今すぐプログラミングの学習をスタートしましょう。

プログラムの実行

YouTubeはこちら

キノ先生

「早速、Jupyter Labを使ってプログラムを実行しましょう。
Jupyter Labの環境構築はもう済ませたかな？」

生徒

「はい!　バッチリです！」

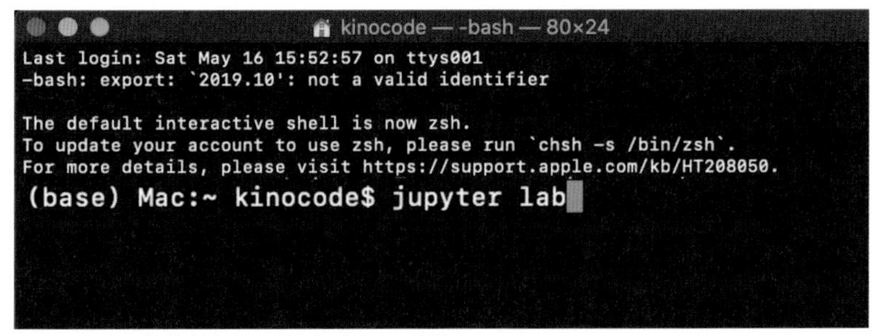

Jupyter Labの起動方法、macOSターミナルの場合

「Windowsの場合はコマンドプロンプト、macOSの場合はターミナルを開きましょう。
「jupyter lab」と打ってEnterです。」

「Jupyter Labが起動しました！」

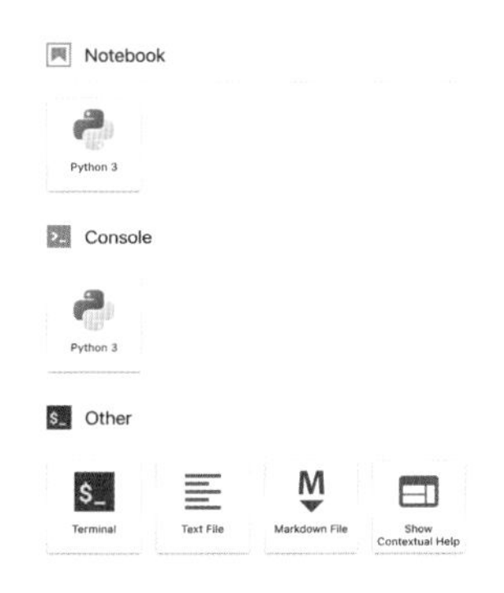

Jupyter Lab起動画面

「Jupyter Labが起動したら、一番上のPython Notebookを選択しましょう。
これで準備完了です。」

「ここでは、挨拶を表示させるプログラムを書いて実行してみましょう。」

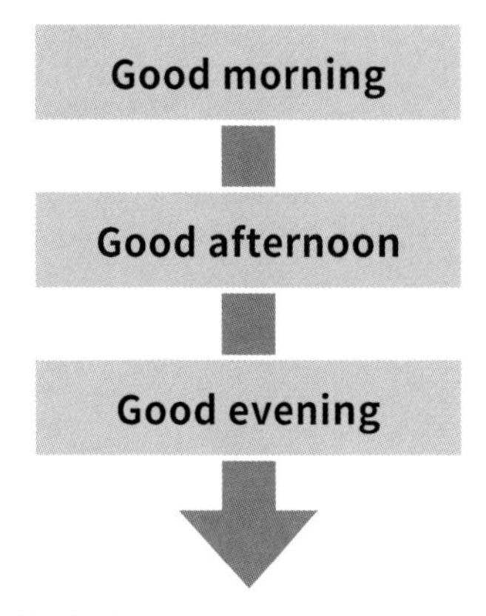

実行プログラム

```
print('Good morning')
print('Good afternoon')
print('Good evening')
```

```
Good morning
Good afternoon
Good evening
```

実行プログラムInOut

「画面上に文字を表示させたい場合は、このようにprint関数を使います。
printは、コンピュータに文字列や数値を表示させる関数です。」(関数についてはP-66参照)

「これはシングルコーテーションでないとダメですか？」

「いいえ。
ダブルコーテーションでもどちらでも良いです。」

「Enterを押しても、改行しかされません…どうやったら実行できますか？」

「実行は、Shift + Enter です。
または、画面上部の「▶」でも実行できます。」

「本当だ！ printの中身が表示されました！」

COLUMN

まずはプログラミングを学習する目的を決めることから始めよう

本書を手にとっていただいている皆さんは、日々の仕事を自動化したいという学習の目的をお持ちだと思います。
プログラミングを学習する上で、目的を明確にすることはとても大事なことです。
目的を決めずにプログラミングの学習を進めるのは、終わりのない旅に出ているようなものだと言えるでしょう。
目的を明確にできていないと、「なんのために勉強しているんだろう？」と感じて苦しくなってしまいます。私にとって、どのような成果物を作るか想像することは、子供の頃に秘密基地を作る想像をしていた時と同じようにワクワクします。どのような成果物を作るのか想像するのは楽しいものです。そしてその想像をシャープにしていけばいくほど、学習のモチベーションも高まります。
そのため、プログラミング学習を始めるときは、まずゴールとなる成果物を決めてから取り組むようにしましょう。

変数

「変数とは何でしょうか…？」

「文字や数字を入れておく、いわゆる箱のようなものです。
必要な時に箱から取り出すことができます。」

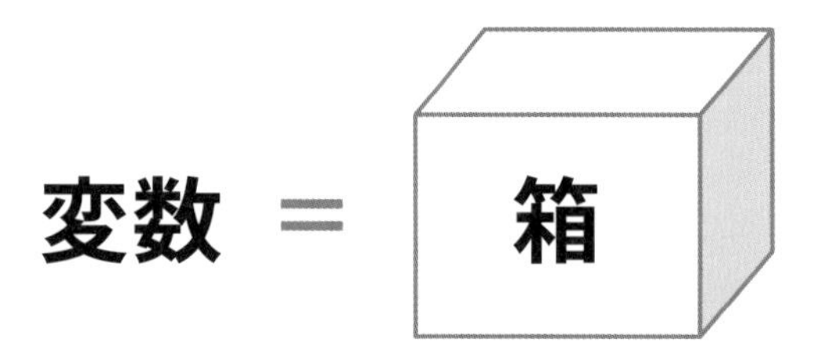

変数は箱

```
num = 1
print(num)
```

```
1
```

実行プログラムInOut

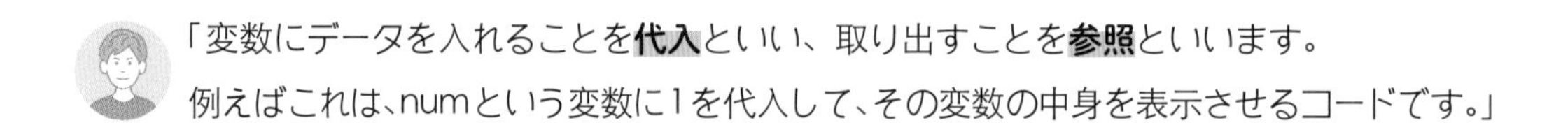

「変数にデータを入れることを**代入**といい、取り出すことを**参照**といいます。
例えばこれは、numという変数に1を代入して、その変数の中身を表示させるコードです。」

「printは確か、文字や数字を表示させる関数でしたね！
シングルコーテーションでくくられていませんが大丈夫ですか？」

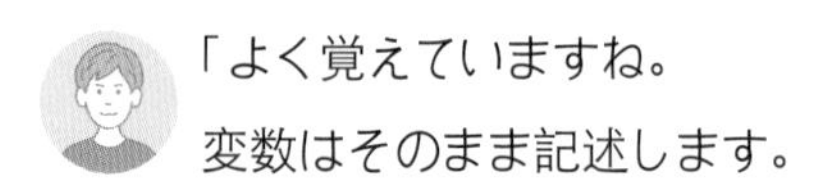

「よく覚えていますね。
変数はそのまま記述します。

実行してみましょう。」

「1が表示されました!
この変数の名前は何でも良いのでしょうか? 」

「変数名に使える文字は、ルールがあります。」

「ルール!? 」

変数に使える文字

「変数名には、アルファベット、数字、アンダースコアが使えます。
実際に試してみましょう。」

```
num = 1
num01 = 2
num_01 = 3
_num01 = 4

print(num)
print(num01)
print(num_01)
print(_num01)
```

```
1
2
3
4
```
色々な変数実行InOut

「全て表示されましたね。」

「アンダースコア以外の記号は使えないということでしょうか？」

「その通りです。
また、「01num」のように数字から始めることができません。」

「大文字から始めることはできますか？」

「もちろんできます。
そして、大文字と小文字は区別されます。」

「どういうことでしょうか？」

```
NUM = 1
Num = 2
num = 3

print(NUM)
print(Num)
print(num)
```

```
1
2
3
```
大文字小文字の変数実行InOut

「このように、全て別の数字が表示されましたね。
もし大文字と小文字の区別がされなかったら、全て3になるはずです。」

「なるほど～!
他にもルールはありますか? 」

「あとは予約語ですね。」

「予約語? 」

予約語

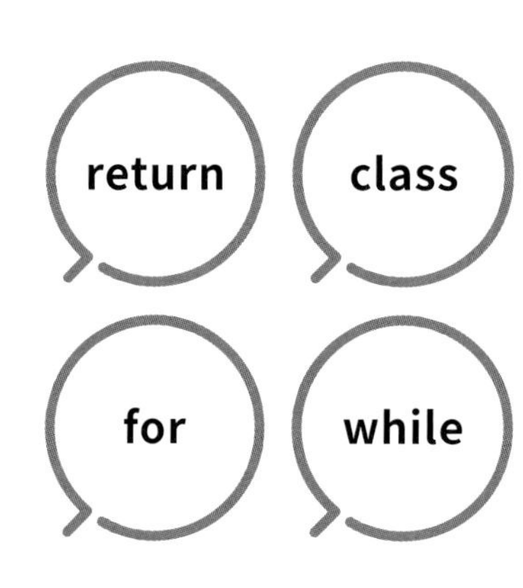

予約語

「予約語とは、プログラミング言語で既に役割が決まっている単語のことを指します。
他にもたくさんありますが、これらの予約語は変数名に使用できません。」

「たくさんあるのですか…。
覚えられるかな～。」

「全て覚える必要はありません。
予約語を変数名にしてしまった場合、ちゃんとエラーが出るので大丈夫です。
試しに実行してみましょう。」

```
return = 1
print(return)
```

```
 File "<ipython-input-7-145b20deeeda>", line 1
   return = 1
          ^
SyntaxError: invalid syntax
```

予約語エラー

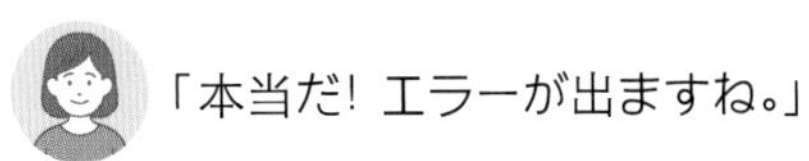

「本当だ! エラーが出ますね。」

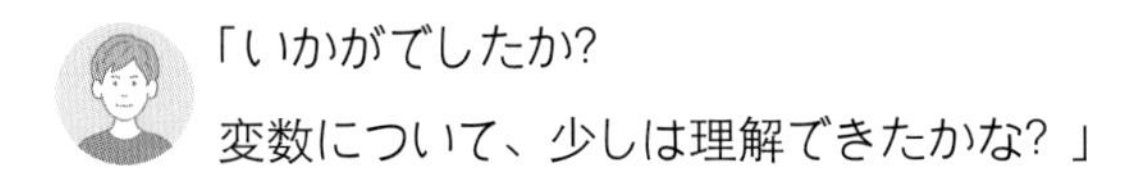

「いかがでしたか?
変数について、少しは理解できたかな? 」

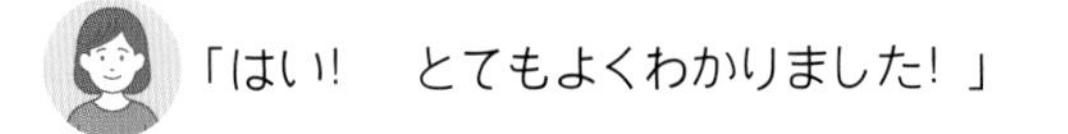

「はい! とてもよくわかりました! 」

07 データ型

ここではデータの種類について以下を説明します。

- **データ型とは**
- **数値型**
- **文字列型**
- **ブール型**

データ型とは

「データ型とは何でしょうか…？」

「データ型とは、変数に入れるデータの種類のことです。」

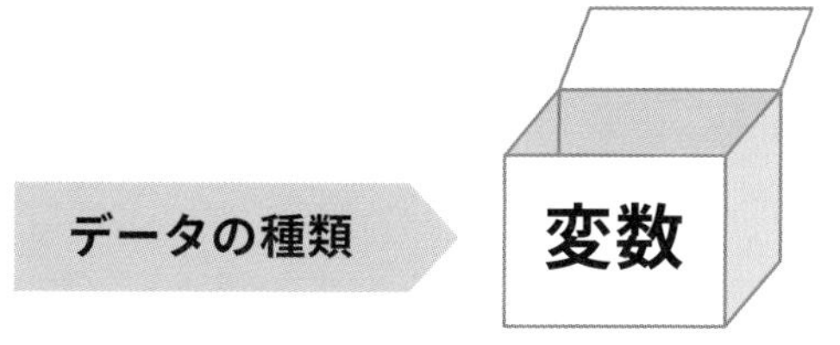

データ型のイメージ

「数字か文字の2種類ではないのでしょうか？」

「そうですね、データ型は数値型と文字列型に加えてブール型というのもあります。」

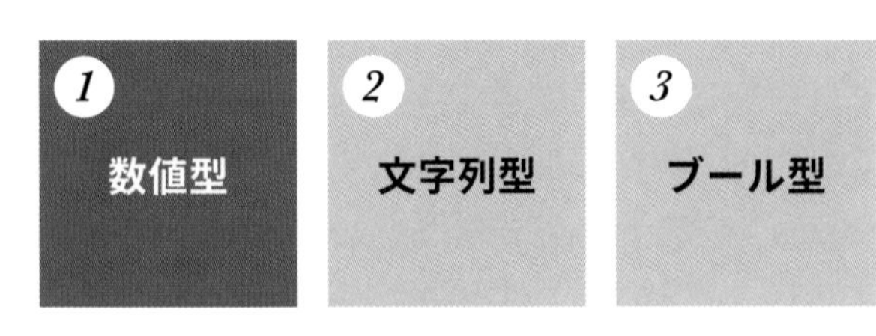

データ型の種類

数値型

「数値型の中でもさらに種類が分かれます。」

「整数や小数でしょうか? 」

「その通りです。整数をint型、小数をfloat型といいます。
実際のコードで確認してみましょう。」

```
num01 = 123
num02 = 1.23

print(num01)
print(num02)
```

```
123
1.23
```

intとfloat

「num01に整数、num02に小数を代入しましょう。」

「print関数で表示ですね。代入した値が表示されました! 」

```
num01 = 123
num02 = 1.23

print(type(num01))
print(type(num02))
```

```
<class 'int'>
<class 'float'>
```

type関数でデータ型確認

「type関数で、データ型を確認できます。」

「本当だ！　整数の123にはint、小数の1.23にはfloatと返ってきましたね！」

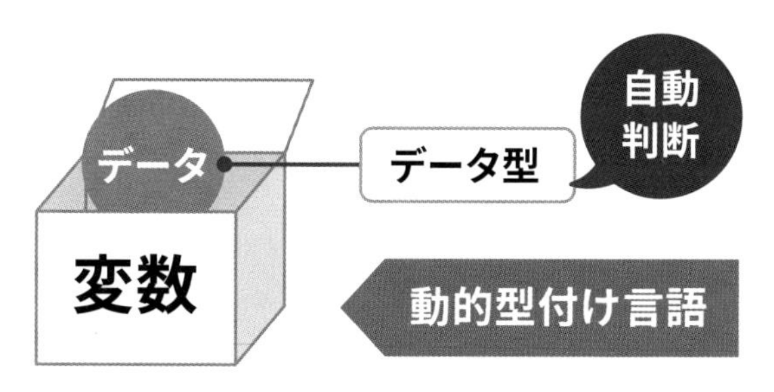

動的型付け言語

動的型付け言語

Ruby | Python | Java Script | PHP

主な動的型付け言語

「このように、Pythonは自動的にデータ型を判断してくれます。
このようなプログラミング言語のことを**動的型付け言語**といいます。
Pythonの他にも、RubyやJavaScript、PHPなどがあります。」

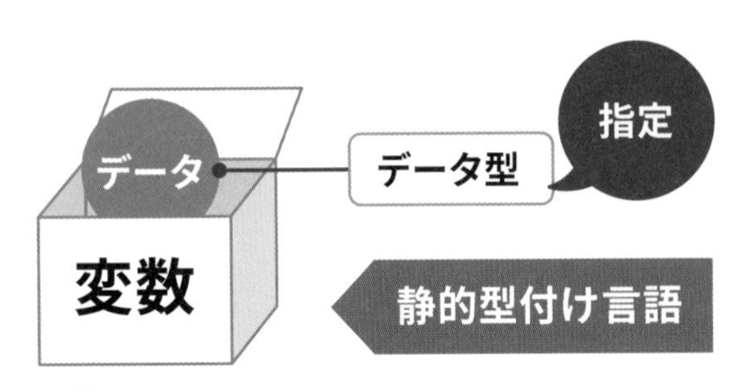

静的型付け言語

静的型付け言語

C 言語	Java	Kotlin	Go

主な静的型付け言語

「対して、データ型を指定する言語を**静的型付け言語**といいます。
C言語や、Java、Kotlinなどがあります。」

文字列型

「続いて、文字列型です。文字列型はstring型ともいいます。
コードで確認してみましょう。」

```
string_a = 'Hello World!'

print(string_a)
print(type(string_a))
```

```
Hello World!
<class 'str'>
```

str型確認

「文字列は、シングルコーテーションまたはダブルコーテーションでくくります。
string_aの中身とデータの種類を同時に表示させてみましょう。」

「Hello Worldとstrが表示されましたね！」

「そうですね。strはstring型であることを意味しています。」

ブール型

「最後にブール型を紹介します。
ブール型はBoolean型ともいい、TrueまたはFalseで表されます。」

「TrueとFalseとは、どういう意味でしょうか？」

「Trueは正しい、Falseは誤りという意味です。
実際のコードで確認してみましょう。」

```
a = 10
b = 1

bool01 = (a > b)

print(bool01)
print(type(bool01))
```

```
True
<class 'bool'>
```

boolean型確認_True

「例えば、aを10、bを1とすると、「a > b」は正しいかな？ 」

「この記号は、aの方が大きいという意味ですよね。だから正しいです！ 」

「その通りです。正しいのでTrueです。
ちなみに、この記号のことを不等号といいます。」

「本当だ！ Trueが返ってきました！ その下にboolと出ていますね。」

「そうですね。これはBoolean型を意味するboolです。」

```
a = 10
b = 1

bool01 = (a < b)

print(bool01)
print(type(bool01))
```

```
False
<class 'bool'>
```

boolean型確認_False

「じゃあ、不等号を逆にするとFalseが返ってくるのかな…。」

「すばらしい！　その通りです。」

「ここまでどうだったかな？」

「データ型には、数値型、文字列型、ブール型の3つですね！覚えました！」

COLUMN

どのプログラミング言語にすればいい？

プログラミングの学習の目的が決まったら、その目的に合った言語を選んで学習しましょう。
iPhoneアプリを作ってみたいならSwift、Andriodアプリを作りたいならJavaやKotlin、Webサイトを作ってみたいならHTML、CSS、JavaScriptあたりから学習すればいいでしょう。また仕事の自動化やデータ分析、人工知能開発をやりたいならPythonをやればいいでしょう。作りたいものができるようになると本当に嬉しいですし、次のゴールに向けたモチベーションになります。自信をつけて、どんどん階段を登っていってください。きっと1年後には自分では想像できなかったところにたどりつけるはずです。
一方で作りたい成果物が思いつかないという方は、自動化のためのPythonを学習することをおすすめします。
企業で働くビジネスパーソンは基本的に生産性で評価されます。仕事の自動化はコスト削減に寄与するため、売上をあげるのと同じだけの価値を持ちます。もしあなたが社会人であれば、Pythonを学習することでプログラミングを覚えられるだけではなく、仕事で高い評価を得ることにつながるのです。
Pythonを使えばパソコンを使った多く作業が自動化できるので、これからの社会人生活に大いに役立てていただけるはずです。

リスト

ここでは複数のデータを格納するリストについて説明します。

- **リストとは**
- **リストの作り方**
- **リストの要素の参照方法**
- **リストの要素の変更方法**
- **多次元リスト**

リストとは

生徒

「リストとは何でしょうか…？ 」

キノ先生

「リストとは、複数のデータを格納できるデータ型のことです。」

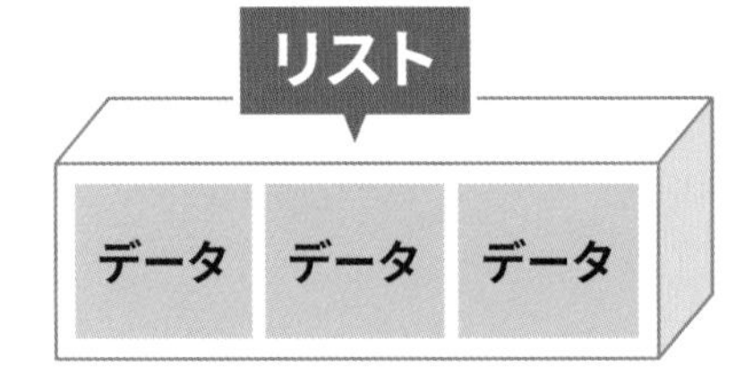

変数とリストの違い

「変数は文字や数字を入れておく箱だったけれど、変数と何が違うのですか？ 」

「変数は1つのデータしか入らない箱なのに対して、リストは複数のデータが入るロッカーです。」

「なるほど。たくさん集まった変数の箱をまとめて「リスト」というのですね!」

「そうですね。また、一つ一つの箱のことを**要素**ともいいます。」

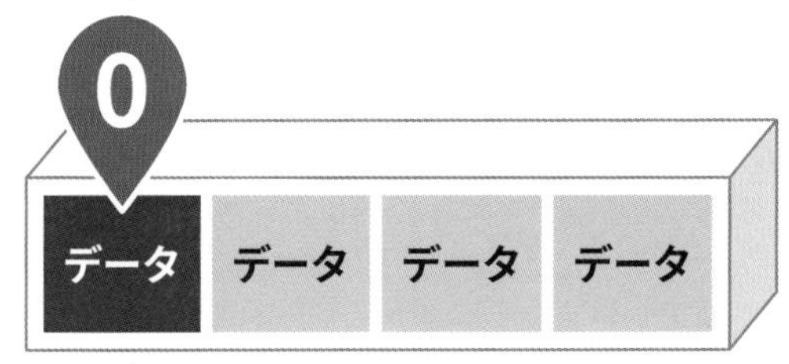

リストのインデックス

「それぞれの要素には、場所の情報が割り当てられています。」

「住所のようなものでしょうか? 」

「そうですね。データの住所のようなものです。
この住所には**インデックス**という番号が割り当てられています。」

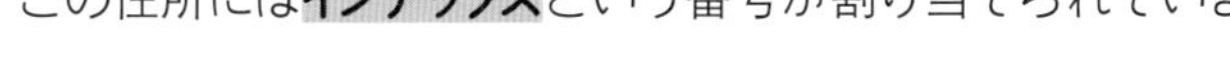

「一番左は1から始まるのではないのですね。」

「そうなんです。少し注意が必要ですね。
このようにインデックスは、「リストが格納されている順番-1」が割り当てられます。
実際にコードを書いてみましょう。」

リストの作り方

```
a = ['sato', 'suzuki', 'takahashi']
print(a)
```

```
['sato', 'suzuki', 'takahashi']
```

リストのコード

「変数aに、3つの値が入ったリストを作りましょう。
リストの要素は、角括弧の中に記述します。カンマで区切ることを忘れないようにしましょう。」

「実行すると、同じリストの形で返ってきましたね！」

リストの要素の参照方法

```
a = ['sato', 'suzuki', 'takahashi']


print(a[0])
print(a[1])
print(a[2])
```

```
sato
suzuki
takahashi
```

リスト要素アクセス

「リストの要素にアクセスしてみましょう。」

「さっき教わった、インデックスを使うのですね！」

「その通りです。変数の後に角括弧でインデックスを付けることで、それぞれの要素にアクセスします。」

リストの要素の変更方法

```
a = ['sato', 'suzuki', 'takahashi']

a[0] = 'tanaka'

print(a[0])
print(a[1])
print(a[2])
```

```
tanaka
suzuki
takahashi
```

リスト要素変更

「リストの要素を変更してみましょう。
インデックスの0に「tanaka」を代入する記述を加えます。」

「変数aの0番目は「sato」ですね。これが、「tanaka」に変わるのでしょうか？」

「その通りです。実行してみましょう。
「sato」が「tanaka」に変わっていることがわかりますね。」

多次元リスト

```
a = [['sato', 'suzuki'], ['takahashi', 'tanaka']]

print(a[0][0])
print(a[0][1])
print(a[1][0])
print(a[1][1])
```

```
sato
suzuki
takahashi
tanaka
```
リスト内リスト

「リストの中にリストを作ることもできます。」

「リストの中にリスト？」

「これを、多次元リストといいます。」

「角括弧をカンマで並べるのですね。インデックスはどうやって付けるのでしょうか？」

「例えば、「sato」は1つ目のリストの1番目です。なので0の0になります。
これを角括弧2つで記述します。」

「じゃあ、「tanaka」は2つ目のリストの2つ目だから…1の1ですね！」

「すばらしい！　その通りです。」

「リストについて、なんとなく理解できたかな？」

「はい！　ばっちりです！」

09 演算子

・演算子とは
・算術演算子
・関係演算子
・論理演算子
・代入演算子

演算子とは

演算子

キノ先生

「演算子とは、足し算、引き算などの四則演算や、大小を比較する記号のことをいいます。」

生徒

「いつも数学に出てくる記号は、演算子というのですね！」

算術演算子

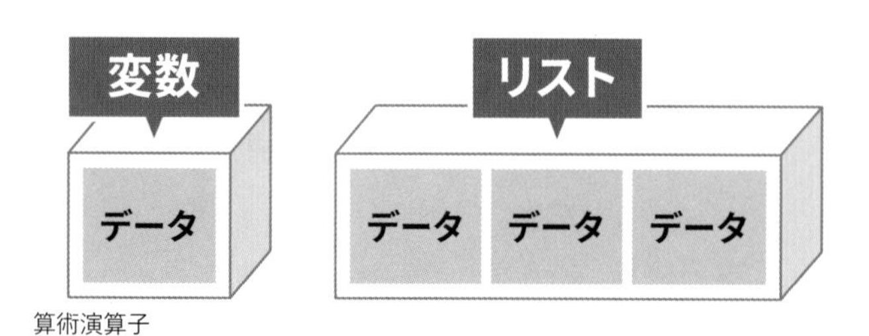

算術演算子

「算術演算子から見ていきましょう。
算術演算子とは、足し算、引き算、掛け算、割り算などをするための演算子です。」

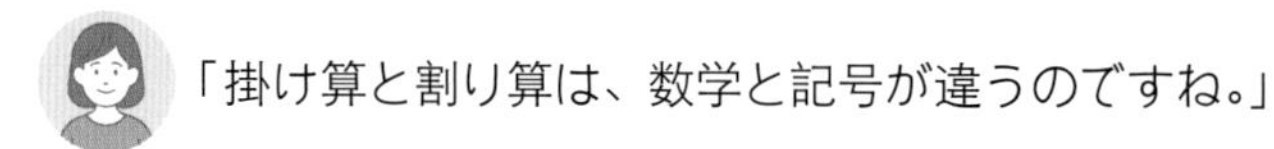

「掛け算と割り算は、数学と記号が違うのですね。」

「そうなんです。間違えないようにしましょうね。」

「剰余とは、割り算をした時の余りのことでしょうか? 」

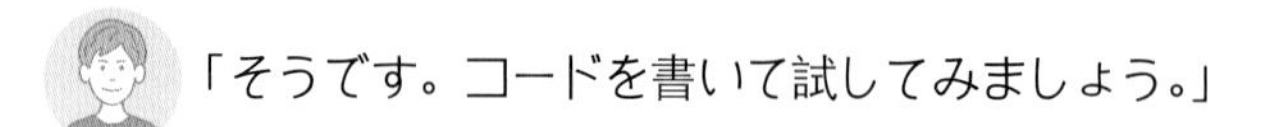

「そうです。コードを書いて試してみましょう。」

```
x = 10
y = 2

print(x + y)
print(x - y)
print(x * y)
print(x / y)
print(x % y)
```

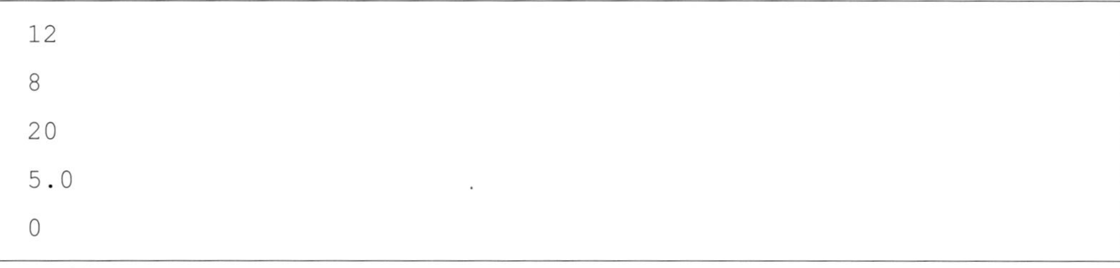

```
12
8
20
5.0
0
```

コードで計算確認

「xを10、yを2として、それぞれ計算してみます。
print関数でそれぞれの結果を表示させてみましょう。」

「計算結果があっという間に出ましたね！」

関係演算子

```
x = 10
y = 2

print(x > y)
```

```
True
```

関係演算子_True

「続いて、関係演算子です。
関係演算子とは、2つの値の関係が正しいか、正しくないかを判断させる演算子のことです。」

「TrueとFalseでしょうか？」

「その通り。ブール型で出てきましたが、よく覚えていましたね。
ここでも、結果はブール型で返ってきます。」

「xはyより大きいのでTrueですね！」

```
x = 10
y = 2

print(x < y)
```

```
False
```

関係演算子_False

「不等号の向きを変えたらどうなるでしょうか?
もうわかりますね。」

「これは正しくないので、Falseです!」

```
x = 10
y = 2
z = 10

print(x <= y)
print(x >= z)
```

```
False
True
```

関係演算子_以上以下

「以上、以下の場合は「>=」、「<=」を使います。」

「xはy以下…は誤りなのでFalseですね。
xはzと等しいから、Trueだ！」

「その通り。予想通りの結果になりましたね。」

```
x = 10
y = 2

print(x == y)
print(x != y)
```

```
False
True
```

関係演算子_等価

「2つの値が等しいことを等価といいます。これはイコール2つです。
等価ではない場合は、エクスクラメーションマークにイコールです。」

「xとyは等しくないので、FalseとTrueですね！」

論理演算子

「論理演算子とは、複数の条件を判断させる演算子のことです。」

「例えばどういったものですか？」

「例えば、「かつ（and）」や「または（or）」です。
コードを書いて試してみましょう。」

```
x = 8
y = 3

print(x >= 5 and x <= 10)
print(y >= 5 and y <= 10)
```

```
True
False
```

論理演算子_and

「まずand条件から見てみましょう。
5以上かつ10以下の条件としてみます。」

「xについては正しいですが、yについては正しくないですね！」

「そうですね。予想通りの結果が返ってきましたね。」

```
x = 8
y = 3

print(x == 3 or y == 3)
print(x == 1 or y == 1)
```

```
True
False
```

論理演算子_or

「次にor条件です。
1つ目は、xは3に等しいまたはyは3に等しい、という条件です。」

「yが3なのでTrueですね！」

「その通り。2つ目の条件はどうでしょうか？」

「xもyも1ではないのでFalseですね。」

「そうですね。どちらの条件にも一致しない場合は、Falseが返ってきます。」

代入演算子

「今まで、変数に代入するときに使っていた「=」は、代入演算子といいます。」

「等しい、ではなく代入を意味していたのですね。」

「そうですね。また、代入する時に、足し算や引き算を同時にすることができます。
これを**複合代入演算子**といいます。」

「どういうことでしょうか？」

「実際にコードを書いてみましょう。」

```
x = 8
y = 12
z = 20

x += 10
z += y

print(x)
print(z)
```

```
18
32
```

複合代入演算子のコード

「例えばこのように、「x = x + 10」は「x += 10」と記述します。
xに10を足してxに代入するという意味になります。
同様に、「z = z + y」は「z += y」と書くことができます。
それぞれ計算すると、xとzはいくつになるでしょうか？」

「xは、8 + 10で18ですね。
zは、20 + 12で32でしょうか？」

「その通りです。予想通りの結果が返ってきましたね。」

COLUMN

プログラミングはどうやって学習すればいい？

プログラミングはどうやって覚えればいいのでしょうか？　プログラミングスクールには通わなきゃいけないのでしょうか？　プログラミングスクールは高額な一方で、学習中に生まれた疑問をすぐ解消できますし、一緒に学ぶ仲間ができるため学習を続けやすいです。
それに高額の料金を払うことで、自分を追い込むこともできます。そのため「短期間で成長して、支払った料金を回収してやる！」という強い気持ちを持っていらっしゃる方や、友人を作って積極的にコミュニケーションを取れる方には最適な場所だと思います。
そのような自信がなければ、まずはお金をかけずにスモールスタートで学習を始めてみることをおすすめします。特にYouTubeは有料級の動画が数多くあります。
キノコードのチャンネルはPythonのレッスンが多めですが、JavaScript、PHP、Rubyなど何でも検索をすれば多くのレッスン動画が出てきます。参考書やテキストだけの学習だと初心者はつまづきやすいです。
動画のレッスンは目と耳で学習できるので、プログラミング学習を始める上で最適です。

またプログラミング学習を、友人や同僚の方と一緒にやるのも良い学習の方法です。週に1回集まって勉強会などを開催すれば、いつまでに何をするかゴールが互いに共有され、学習が捗ります。さらには、勉強会のメンバーが同僚の方であれば、業務改革にもつなげられるかもしれません。ぜひ友人や同僚の方を誘ってみてください。

条件分岐

キノ先生

「**プログラムの基本構造**を覚えているかな？」

生徒

「う～んと、確か3つあったような…。」

「そうだね。具体的には「**順次進行**」、「**条件分岐**」、「**繰り返し**」の3つです。」

「ここでは、「**条件分岐**」についてやっていくよ。」

「はい！」

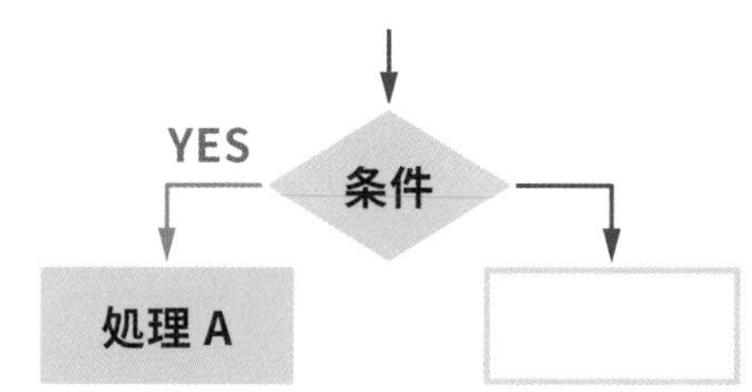

条件分岐YES

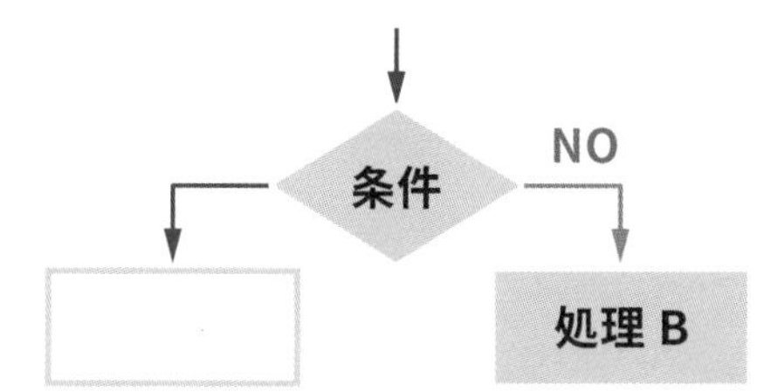

条件分岐NO

「まずは、**分岐処理**について説明するね。」

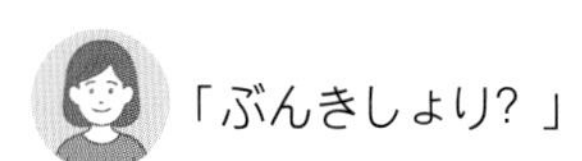

「ぶんきしょり？」

「分岐とは分かれるという意味で、例えば、ある条件に一致する場合には処理Aを実行させて、そうでない場合は処理Bを実行させるといった分かれる処理のことを分岐処理と言います。」

「なるほど…。それをするにはどうやって書くのでしょうか？」

「分岐処理を実行するには、**if文**を使って書きます。書き方にも決まりがあります。」

「どんな決まりがあるのですか？」

if 条件：

if文のきまり_インデント

まず、「if」に続けて条件を書いて、コロンを付けます。

「「もし～（条件）だったら…」という意味ですね！」

「その通り。次の行でインデントを下げて、条件を満たすときの処理を書きます。」

「インデント？」

「インデントとは、空白を入れて文字を右にずらすことです。」

「インデントを忘れてしまったらどうなるのでしょうか…？」

「Pythonではコロンの後にEnterを押せば自動的にインデントが下がるから、あまり心配する必要はないよ。
ただインデントがないと、if文として認識されません。」

「そうなんですね。気をつけよう。」

「実際にコードを書いてみましょう。」

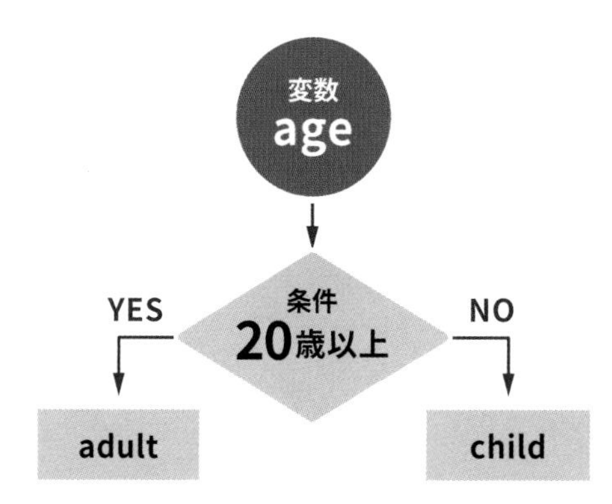

分岐例

「年齢ageが20歳以上だったら大人のadult、20歳未満だったら子供のchildを表示させるコードを書いてみましょう。」

```
age = 22

if age >= 20:
    print('adult')
```

```
adult
```

「まずは、adultを表示させる処理から書いてみましょう。ageに22を代入しておきます。」

「22は20以上だから、大人ですね！」

「そうだね。実行するとadultが表示されました。」

「ageに20未満の数字を入れたらどうなりますか？」

```
age = 15

if age >= 20:
    print('adult')
```

「いい質問だね！
ここでは20未満の時の処理を記述していないから、何も表示されません。
なので、20未満の時の処理を書いていきましょう。」

「条件を追加するには、**else**を使います。」

if 条件A：
条件Aを満たしたときの処理
else：
条件を満たさないときの処理

if_else文のきまり

```
age = 15

if age >= 20:
    print('adult')
else:
    print('child')
```

```
child
```

「20歳以上ではないその他という意味ですね！」

「そうだね。ageに代入した15は20未満なので、childが表示されます。」

「なるほど〜。わかってきました！」

```
age = 25


if age >= 20:
    print('adult')
else:
    print('child')
```

```
adult
```

「では、ageを20以上にしてみたらどうなりますか？　もうわかるね。」

「adultが表示されます！」

「正解です！」

「じゃあ、さらに条件を追加してみよう。
条件を加えるためには、**elif**を書きます。」

if 条件 A：
　条件 A を満たしたときの処理
elif 条件 B：
　条件 B を満たしたときの処理
else：
　条件を満たさないときの処理

elif文のきまり

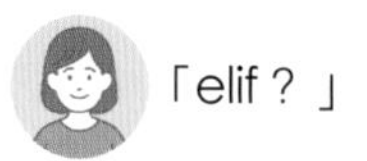

「elif？」

```
age = 0

if age >= 20:
    print('adult')
elif age == 0:
    print('baby')
else:
    print('child')
```

```
baby
```

分岐例

「このように、今書いてきたif文とelse文の間に記述します。」

「else、elif、ちょっと紛らわしいですね。」

「確かにそうだね。ここでは、ageが0の時「baby」と表示させる処理をelif部分に書いてみます。
ageを0として実行すると、どうなるかな？」

「babyが表示されますね！」

「その通り。条件分岐について、なんとなくわかったかな？」

「はい！　**if文**、**else文**、**elif文**の3つですね！　覚えました！」

繰り返し

- 繰り返しとは
- for 文
- break 文
- continue 文
- for 文のネスト
- for 文でリストを参照

繰り返しとは

1. 順次進行
2. 条件分岐
3. 繰り返し

プログラムの基本構造

「プログラムの基本構造では、**順次進行**、**条件分岐**、**繰り返し**の3つを紹介しましたね。
今回は、その中の繰り返しについて学んでいきましょう。」

「確か、条件を満たすまで同じ処理を繰り返すという構造でしたっけ？」

「その通りです。
また、繰り返しのことを「反復処理」や「ループ処理」といったりします。」

for文

for文のイメージ1　　for文のイメージ2

「繰り返しのコードはどのように書くのでしょうか？」

「繰り返しの代表例がfor文です。
for文は、条件を満たしていれば同じ処理を繰り返し、条件を満たさなくなったタイミングで繰り返しを終了します。」

「条件の部分で、繰り返す回数を指定するのでしょうか？」

「そうです。for文のきまりの例を見てみましょう。」

for　変数　in　range（繰り返す回数）**：**

 **繰り返し中に実行する処理**

for文のきまり

「forの後に、繰り返しで出力された結果を格納する変数を記述します。
この変数のことを**カウンタ変数**といいます。」

「ここの変数名は、何でも良いのでしょうか？」

「予約語でなければ何でも良いですが、ここでのカウンタ変数は「index」や「integer」「iterator」などの頭文字を取った「i」が使用されることが多いです。」

「丸括弧の中に、繰り返す回数を指定するのですね！」

「そして、コロンを忘れずに付けましょう。
インデントを下げてから、繰り返したい条件を記述します。
実際にコードを書いてみましょう。」

```
for i in range(5):
    print(i)
```

```
0
1
2
3
4
```

for文コード

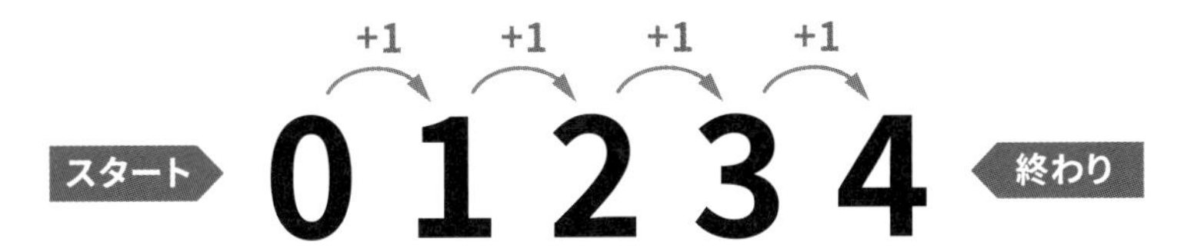

5回カウント

「これは、5回繰り返すという記述ですね！」

「0からスタートして、4で終われば「5回」としてカウントされます。
range(5)の部分では、[0,1,2,3,4]のリストを作っているのだと考えるとわかりやすいかもしれません。」

「これがiに格納されるという仕組みですね！」

「実行すると、iの中身が表示されます。」

break文

「続いて、break文です。
breakは、ある条件に当てはまった時に繰り返し処理を終了させることができます。」

```
for i in range(5):
  if 条件:
    break ← 繰り返し処理を終了
```

break文のきまり

「さっきは、5回カウントしたら繰り返しが終了したけれど、5回目より前に処理を終了できるということでしょうか？」

「その通りです。コードを書いて試してみましょう。」

```
for i in range(5):
    if i == 3:
        break
    print(i)
```

```
0
1
2
```

break文コード

「例えばこれは、0からスタートさせて3になったら繰り返しを終了するという記述です。」

「iが3になったらbreakですね！」

「3でループを抜けるので、0、1、2まで表示されましたね。」

continue文

```
for i in range(5):
  if 条件:
    continue
```

スキップ

continue文きまり

「continue文では、ある条件に当てはまつた時、その処理をスキツプさせることができます。」

「なんだかイメージがつかないなぁ…。」

「コードを書いて試してみましょう。」

```
for i in range(5):
    if i == 3:
        continue
    print(i)
```

```
0
1
2
4
```

continue文コード

「例えばこれは、iが3になつた時に、その処理をスキツプさせる記述です。」

「3がスキツプされていますね！ なるほど～、そういうことか！」

for文のネスト

「ネストとは何ですか？」

「あるものの中に、それと同じ種類のものが入っている構造のことをネストといいます。」

「つまり、for文の中にfor文ということでしょうか？」

「その通りです。コードを書いてみましょう。」

```
for i in range(3):
    for j in range(3):
        print(i, j, sep='-')
```

```
0-0
0-1
0-2
1-0
1-1
1-2
2-0
2-1
2-2
```

ネストのコード

「外側のループiが1周目の時に、内側のループjが0から2まで回ります。
そして、内側のループが回り切ったら外側のループが2周目に入るという構造です。」

「外側と内側で、異なるカウンタ変数名を付けるのですね。」

「そしてprint関数の引数に「sep= '-'」を付けることで「i-j」の形で結果が表示されます。」

for 文でリスト内を参照

「最後に、変数を使ってリストの中身を表示させてみましょう。
コードを見てみます。」

```
arr = [2,4,6,8,10]


for i in arr:
    print(i)
```

```
2
4
6
8
10
```

リスト内参照コード

「変数arrに、偶数のリストを代入します。」

「今までrangeと書いていた部分にarrを記述するのですね。」

「arrの中身が1つずつiに格納される仕組みです。
print関数で、iの中身が表示されます。」

「2から10まで表示されました！」

```
arr = [2,4,6,8,10]
sum = 0
for i in arr:
    sum += i
print(sum)
```

```
30
```

変数足し上げコード

「リスト変数を使って、足し上げていくこともできます。」

「足し上げ？」

「for文の中で演算子を使います。
変数sumに、リストの数字をどんどん足していきます。」

「リストの中の合計を出せるということですね！」

「その通りです。結果は予想通り30が返ってきましたね。」

COLUMN

パソコンは何を使えばいい？

プログラミングを始めるにあたってどういうパソコンを使えば良いでしょうか？　プログラミングをやっている人はMacが多いですよね。では、なぜプログラマはMacを使っているのでしょうか？　私は「自分の周りにいるプログラマの多くがMacを使っているから」というシンプルな理由だと予想します。
例えば、ネット上のプログラミングやプログラムのエラーの解説記事は、実行環境がMacになっていることが多いです。したがって、Macを選んだほうがエラーを解消しやすい、学びやすいと言えます。
また、macOSがUnixというOSをもとに作られています。一方、サーバーなどでよく使われるOSのLinuxは、Unixをもとに作られています。つまり、macOSがLinuxと似ていて使い慣れているからmacOSを使うという方もいらっしゃるでしょう。他にも、macOSだとbrewというインストールに便利なコマンドを使えます。さらに最近ではずいぶん減ってきましたが、一部のツールやライブラリはmacOSでなければ使えないということもあります。
こうした背景もありMacを使うユーザーが多いと考えられます。

それではWindowsがプログラミングに向いていないかといえば、必ずしもそうではありません。Windowsでも問題なくプログラミングができますし、Macよりも安くパソコンを買うことができます。またスモールスタートでPythonを始めてみたいユーザーは、GoogleColaboratoryを使うのもおすすめです。
GoogleColaboratoryは、無料で使えるクラウドのプログラミングツールです。URLにアクセスするだけで、プログラミングをはじめることができます。初心者の方がつまづきやすい、プログラミングを始める準備、つまり、環境構築が不要になります。
GoogleColaboratoryを使う場合、処理や計算をするのは、あなたのパソコンではなく、Googleのクラウドコンピュータになります。
そのため、あなたのパソコンの性能は関係ありません。また、無料にもかかわらず性能は非常に高いです。パソコン選びでお悩みの方は、まずはGoogleColaboratoryでPythonの学習を始めてみてはいかがでしょうか？

関数

- 関数とは
- 関数の種類
- 関数の定義

「関数とは何ですか？」

「関数とは、色々な処理をまとめて一つにしたものです。」

「なぜ、関数を使うのでしょうか？」

「関数を使うと、便利な点がたくさんあります。
料理を例にしてみます。」

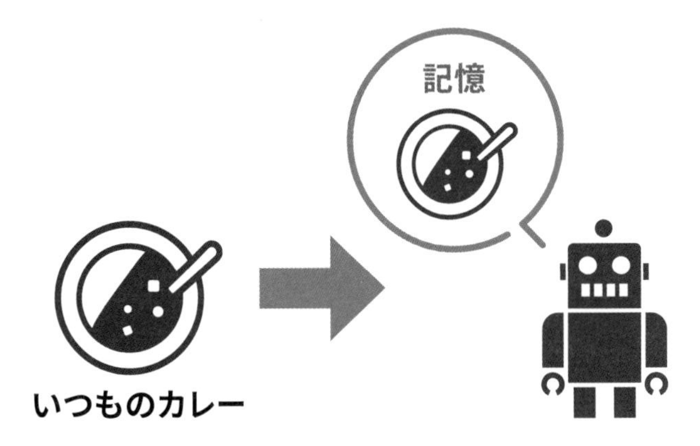

関数のイメージ1

「好きな料理は何かな？」

「カレーです！」

「じゃあカレーで例えてみましょう。
いつも作るカレーがあるとします。このレシピを、ロボットに記憶させましょう。」

関数のイメージ2

「もしかして…ロボットがカレーを作ってくれるのですね！」

「そうです。ボタンひとつ押すだけでカレーを食べられます。
しかもそのロボットは、自分だけではなく家族も使えるのです。
この料理ロボットこそが、関数なのです。」

関数のイメージ3

関数の便利なところ

- 同じものを 2 回書く必要がない
- 1 行で使い回しができる
- 他の人も使うことができる

関数の便利なところ

「また、関数の中のコードを理解していなくても、他の人もその関数を使うことができます。」

「関数は、とっても便利なものなのですね！」

関数の種類

「関数には2種類あります。
自分で作る関数と、Pythonがあらかじめ用意してくれている関数です。」

「もしかして、今まで使っていたprintは…」

「その通り。Pythonがあらかじめ用意してくれている関数のことを**組み込み関数**といいます。
print関数は組み込み関数です。」

「print関数がなかったら、どうなってしまうのでしょうか？」

「変数の中身を表示させるための記述をイチから書かなければなりません。
でも、print関数はその中身のコードを理解する必要は無いし、何度でも使えますよね。」

関数の書き方

「関数の書き方を教えてください！」

「関数を作ることを、「関数を定義する」といいます。
では、Pythonでの関数の定義の仕方を見ていきましょう。」

関数の定義

「Pythonでは、関数の定義に**def**を使います。
関数名は何でも良いです。」

「カッコの中の引数とは何ですか？」

「丸括弧の中に記述するものを引数といいます。
関数はこの引数を受け取って、関数の中で使うことができます。」

「この引数は、必ず必要なのですか？」

「いいえ。省略することも可能です。
また、カンマで区切って何個でも渡すことが可能です。」

「繰り返しのfor文のように、インデントを下げるのですね！」

「確かに似ていますね。
インデントを下げることで、ここのコードが関数の記述であることをPythonが判断して

くれるのです。
では、実際にコードを書いてみましょう。」

```
def say_hello():
    print('Hello World!')

say_hello()
```

```
Hello World!
```

「まずは、引数なしの関数を定義します。
ここでの関数名を「say_hello」とします。」

「「Hello World!」と表示される関数ですか？」

「その通りです。
最後に関数名と丸括弧を記述することで、関数を呼び出します。
また、インデントを戻すことを忘れないようにしましょう。」

```
def say_hello():
    print('Hello World!')

say_hello()
say_hello()
say_hello()
```

```
Hello World!
Hello World!
Hello World!
```

「関数は何度でも呼び出すことができます。
「say_hello」を3回記述してみましょう。」

「「Hello World!」が3回表示されましたね！」

```
def say_hello(greeting):
    print(greeting)

say_hello('Hello World!')
```

```
Hello World!
```

「続いて、引数を使う場合の関数を定義してみます。
引数は何でも良いのですが、ここでは挨拶と言う意味の「greeting」とします。」

「printの中にも同じgreetingを入れるのですね。」

「そして、関数の引数には表示させたい文字列を記述します。」

「「Hello World!」が表示されました！」

```
def say_hello(greeting):
    print(greeting)

hello = say_hello
hello('Hello World!')
```

```
Hello World!
```

「また、関数を変数に代入することもできます。
定義した関数をそのまま変数に代入するだけです。」

「これも「Hello World!」と表示できました！」

```
def add(num01, num02):
    print(num01 + num02)

add(6,2)
```

```
8
```

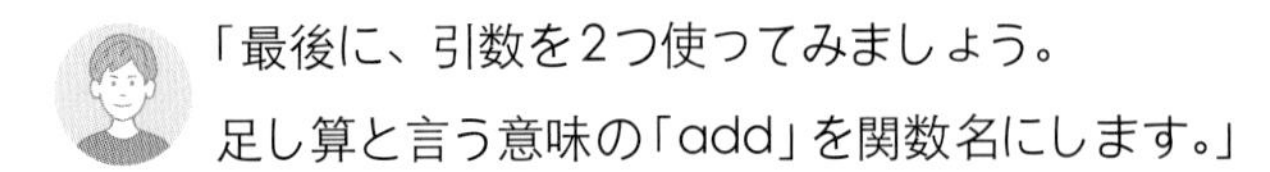

「最後に、引数を2つ使ってみましょう。
足し算と言う意味の「add」を関数名にします。」

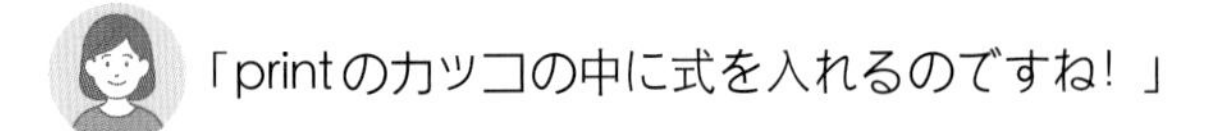

「printのカッコの中に式を入れるのですね！」

「そして、関数の引数に計算したい数字を入れます。」

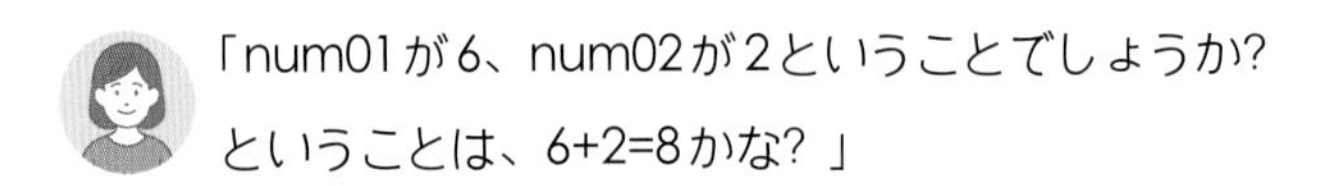

「num01が6、num02が2ということでしょうか?
ということは、6+2=8かな？」

「そうですね。予想通りの結果が返ってきました。」

13 クラス

・クラスとは
・クラスの使い方
・アトリビュートの定義
・コンストラクタ

クラスとは

キノ先生

「今回は、少し難しい内容かもしれませんね。頑張ってついてきてください。」

生徒

「はい! がんばります! 」

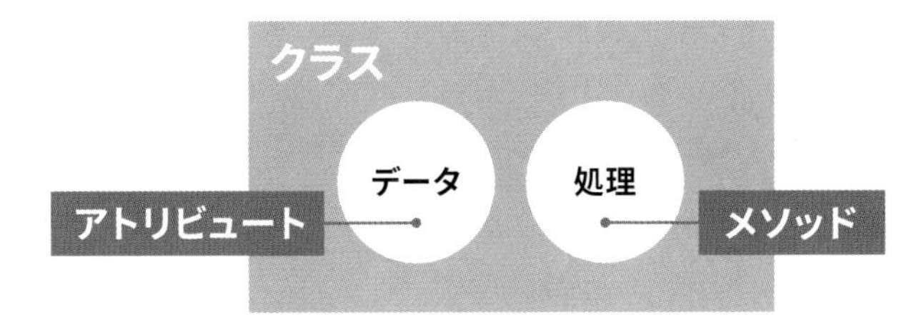

クラスのイメージ

「クラスとは、データと処理をまとめたものです。
ちなみにPythonでは、データのことを**アトリビュート**、処理のことを**メソッド**といいます。」

「変数や関数と、何が違うのでしょうか? 」

「簡単にいうと、クラスの中で定義された変数がアトリビュート、関数がメソッドです。」

「クラスの中に入ることで、名前がちょっと変わっただけですね！」

「他にも違いはありますが、後ほど紹介します。」

クラスの使い方

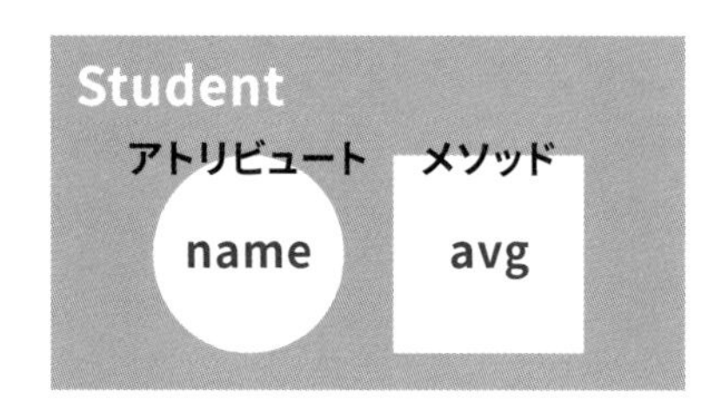

定義するクラス

「今回のレッスンでは、クラス名を「Student」、アトリビュートを「name」、メソッドを「avg」と定義します。
avgとは、平均を意味します。」

「「Student」だけ、一文字目が大文字ですね。」

「良い点に気付きましたね。
最初の文字は小文字でも定義できますが、Pythonではクラス名の一文字目を大文字とするのが慣習です。
実際にコードを書いてみましょう。」

```
class Student:
    def avg(self):
        print((80 + 70)/2)
```

「書き方が関数と似ていますね！」

「そうですね。
ここまで見ると、メソッドは関数と定義の方法が同じです。
ただし、引数について異なる点があります。」

「なんだろう…。」

```
関数
  def avg():
     print((80 + 70)/2)
```

関数の引数なしの場合

```
メソッド
  class Student:
     def avg(self):
        print((80 + 70)/2)
```

メソッドの引数なしの場合

「関数の場合、渡したい引数がない場合空欄でもよかったですね。
しかし、メソッドの場合は必ず引数が1つ必要です。」

「引数がない場合に**self**を入れるということでしょうか？」

「その通りです。selfを渡すのは、Pythonの慣習です。」

```
class Student:

   def avg(self, 引数 1, 引数 2):
      print((80 + 70)/2)
```

メソッドの引数が複数の場合

「また、メソッドで引数が複数ある場合は、selfの後に続けて引数を渡します。」

「selfは引数があっても記述するのですね！」

「引数が無い場合のメソッドでコードを書いてみましょう。」

```
class Student:
    def avg(self):
        print((80 + 70)/2)
```

「実は、このまま実行しても何も起こりません。」

「本当だ。表示させるprint関数を記述しているのになぜだろう…。」

「クラスは、クラスから作られたインスタンスを変数に代入してから使います。」

「う～ん、どういうことでしょう…。」

「ちょっと難しいね。
例えるならば、クラスがたい焼きを作る金型で、金型で作ったたい焼きがインスタンスです！　たい焼きを作るにはどうすれば良いでしょう？」

「なるほど！　クラスを変数に代入するということですね。」

「クラスは、インスタンスになって初めて使えるようになるのです。」

学級a

(点)

	数学	英語
001	80	70

学級a

```
class Student:
    def avg(self):
        print((80 + 70)/2)

a001 = Student()
a001.avg()
```

```
75.0
```

a001_引数なし

「学級aに表のような点数の出席番号001番の人がいるとしましょう。
変数a001に、クラス名を代入します。」

「「Student()」がインスタンスということですね！」

「このようにクラスを使える状態にすることを、**インスタンス化**や**オブジェクト化**といったりします。
最後に、インスタンス化したa001にメソッドのavgを記述します。
これで準備完了です。実行しましょう。」

「平均点の75点が表示されました！」

```
class Student:
    def avg(self, math, english):
        print((math + english)/2)

a001 = Student()
a001.avg(80, 70)
```

```
75.0
```

a001_引数あり

「他にも点数の違う生徒がいる場合は、どうなるのでしょうか？」

「ここまでは、メソッド内に直接70点と80点を記述しましたね。
他にも生徒がいる場合は生徒ごとにメソッドの書き換えが必要になってしまいます。これを、引数を渡すことで計算ができる形にしましょう。」

「avgの丸括弧の中に、点数を記述すれば何度でも使えるのですね！」

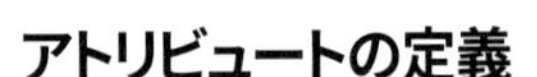

アトリビュートの定義

```
class Student:
    def avg(self, math, english):
        print((math + english)/2)

a001 = Student()
a001.avg(80, 70)

a001.name = 'sato'
print(a001.name)
```

```
75.0
sato
```

satoさん定義

「続いて、アトリビュートを定義してみましょう。
アトリビュートとは何だったかな？」

「クラスの中のデータでしょうか…？」

「その通りですね。よく覚えていました。
クラス内に定義された変数でもありますね。
「a001.name」というアトリビュートの値を佐藤さんとします。
printで表示させましょう。」

「「sato」も表示されました！」

```
class Student:
    def avg(self, math, english):
        print((math + english)/2)

a001 = Student()
a001.avg(80, 70)

a001.name = 'sato'
print(a001.name)

a002 = Student()
print(a002.name)
```

```
75.0
sato
```

```
---------------------------------------------------------------------------
AttributeError                            Traceback (most recent call last)

<ipython-input-47-be344d51948e> in <module>
     10
     11 a002 = Student()
---> 12 print(a002.name)

AttributeError: 'Student' object has no attribute 'name'
```

a002でname実行_エラー

「また、インスタンス化したa002で、nameのアトリビュートを表示させるとどうでしょう？」

「エラーになりましたね…。」

「このように、アトリビュートはインスタンスごとに定義しなければなりません。」

「一つ一つ記述していくのは、大変ではないですか？」

「良い質問ですね。
ここで役立つのが**コンストラクタ**です。」

「コンストラクタ?
なんだかカタカナがたくさん出てきてややこしいですね。」

「そうですね。
あと少し！　がんばりましょう。」

「コンストラクタは、**初期化メソッド**ともいい、インスタンス化をすれば必ず実行されるメソッドです。」

「どういうことでしょうか？」

「つまり、あとから使うアトリビュートは初期化メソッドで自動的に作っておけば良いのです。
コードを見てみましょうか。」

```
class Student:

    def __init__(self):

    def avg(self, math, english):
        print((math + english)/2)

a001 = Student()
a001.avg(80, 70)

a001.name = 'sato'
print(a001.name)
```

```
a002 = Student()
print(a002.name)
```

「初期化メソッドの記述を追加しました。」

「initの両側は、アンダースコア2つですか？」

「そうです。
これは初めて見る形ですね。」

「あと、忘れずにselfですね！」

「はい。メソッドを定義する場合の最初は必ずselfでしたね。」

```
class Student:

    def __init__(self):
        self.name = ''............................................(※)

    def avg(self, math, english):
        print((math + english)/2)

a001 = Student()
a001.name = 'sato'
print(a001.name)

a002 = Student()
print(a002.name)
```

```
sato
```

「フィールドには、佐藤さん、鈴木さんといったような名前を代入したいので
nameのアトリビュートを定義します。」(※)

「またselfがでてきましたね。」

「selfを書くことによって、selfにインスタンスが代入されます。
つまり、selfにa001が代入されて、a001.nameとなるイメージです。」

「なるほど…。」

「ひとまず、シングルコーテーションで空の値にしておきます。
また、avgメソッドを記述した行は削除します。」(a001.avg(80, 70))

「「sato」のみ表示されているようです！」

「a002は初期化メソッドでアトリビュートを作ったので、エラーにならず空の値が返ってきました。」

「a002は空だから、a001のsatoのみ表示されているように見えるのですね。」

```
class Student:

    def __init__(self):
        self.name = ''

    def avg(self, math, english):
        print((math + english)/2)

a001 = Student()
a001.name = 'sato'
print(a001.name)
```

```
a002 = Student()
a002.name = 'tanaka'
print(a002.name)
```

```
sato
tanaka
```

「a002を田中さんとしましょう。」

「「sato」と「tanaka」が表示されました！」

```
class Student:

    def __init__(self, name): ·········································(1)
        self.name = name ··················································(2)

    def avg(self, math, english):
        print((math + english)/2)

a001 = Student('sato')
print(a001.name)

a002 = Student('tanaka')
print(a002.name)
```

```
sato
tanaka
```

「アトリビュートは、インスタンス化と同時に代入することもできます。」

「どういうことでしょうか…？」

「コードを変更しながら見てみましょう。
初期化メソッドの第二引数に、nameを追加します。」(1)

「selfの隣ですね！」

「シングルコーテーションで空の値にしていた部分にもnameと記述します。(2)
そして、a001をインスタンス化させる記述の丸括弧の中に「'sato'」を記述します。
したがって、次の行で記述していたコードは不要になります。」
(a001.name = 'sato')

「これがインスタンス化と同時にアトリビュートを代入するということですね！」

「少しわかってきたかな?
最後にa002も同様の形にします。
実行してみましょう。」

「「sato」と「tanaka」が表示されました!
なんだか、コードもスッキリしたように感じますね。」

Part 2

Pandas 編

ExcelやCSVデータを読み込み、データ集計や分析、
グラフ化などができるPythonのライブラリ、Pandasについて学びます。

01 Pandasとは

「ここからは、Pandasについて学んでいきます。Pandasは、Pythonのライブラリです。」

「ライブラリとは何ですか？」

「ライブラリとは、よく使う機能や関数をまとめて、簡単に使えるようにしたものです。」

「Pandasを使うと、どんなことができるのでしょうか…？」

「Excelを使ったことはありますか？」

「あります！　表の数字を計算したり、グラフを作ったりしました。」

「まさにそういったことがPandasを使えば簡単にできます。具体的には、ExcelやCSVデータを読み込み、集計や分析、グラフ化ができます。」

●使用データ

ここでは政府発表の「1920年から2015年までの全国の人口推移のデータ」が格納されているdata.csvを使用します。

まず、最初にファイルパスの設定を行います。変数に代入しておくことで、別のファイルを読み込んで使用したい時、ここだけ編集すればよいので便利です。

```
data_csv_path = './Data/MyPandas/data.csv'
```

```
import pandas as pd
```

●データ読み込み

まずは、Pandas の read_csv メソッドを使って CSV をデータフレームとして読み込みます。

これを変数 df_population_data に代入しておきます。

引数には、CSV ファイルのパスとファイル名（data.csv）、文字コードを指定します。

```
df_population_data = pd.read_csv(data_csv_path, encoding='shift-
jis')
df_population_data
```

	都道府県コード	都道府県名	元号	和暦（年）	西暦（年）	人口（総数）	人口（男）	人口（女）
0	1	北海道	大正	9.0	1920.0	2359183	1244322	1114861
1	2	青森県	大正	9.0	1920.0	756454	381293	375161
2	3	岩手県	大正	9.0	1920.0	845540	421069	424471
3	4	宮城県	大正	9.0	1920.0	961768	485309	476459
4	5	秋田県	大正	9.0	1920.0	898537	453682	444855
...	...	...	...	...	...	...	...	...
934	43	熊本県	平成	27.0	2015.0	1786170	841046	945124
935	44	大分県	平成	27.0	2015.0	1166338	551932	614406
936	45	宮崎県	平成	27.0	2015.0	1104069	519242	584827
937	46	鹿児島県	平成	27.0	2015.0	1648177	773061	875116
938	47	沖縄県	平成	27.0	2015.0	1433566	704619	728947

939 rows × 8 columns

読み込んだデータフレーム

●データフレームとシリーズ

Pandas で扱うデータ構造には、データフレーム（DataFrame）とシリーズ（Series）の 2 つがあります。

データフレームとは、Excel の表形式のように、行と列で成り立っているイメージです。

一方シリーズとは、データフレームから 1 列取り出した時にできる型で、リストにインデックスが付いたイメージです。

データフレーム

columns

index

シリーズ

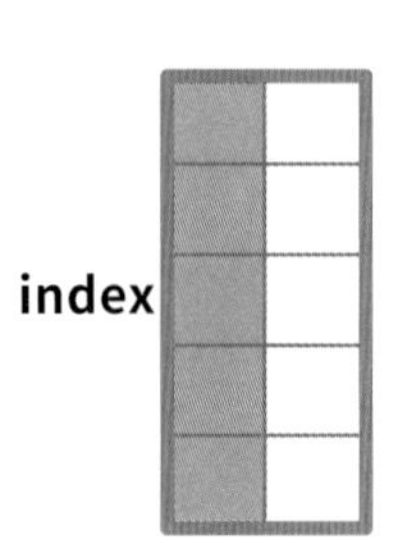

type 関数で、データ型を確認します。

データフレームとなっていることがわかりますね。

```
type(df_population_data)
```

```
pandas.core.frame.DataFrame
```

type 確認

●表示させる行、列数変更

読み込んだ CSV ファイルの行数は 939、列数は 8 です。

データフレーム左下に、939rows と 8columns と記載されています。

ちなみに行のことを row（ロウ)、列のことを column（カラム）といいます。

表示させたデータフレームは、中間の行が省略されています。

set_option メソッドの引数で、表示させる行数を指定できます。

また、row の部分を columns とすると列数を制限することができます。

```
pd.set_option('display.max_rows', 1000)
```

ここでは省略しますが、実行すると全ての行が表示されます。

```
df_population_data
```

この設定を元に戻すには、reset_option メソッドを使います。

```
pd.reset_option('display.max_rows', 5)
```

データフレームの先頭 5 行だけを表示させたい場合は、head メソッドを使います。

```
df_population_data.head()
```

	都道府県コード	都道府県名	元号	和暦（年）	西暦（年）	人口（総数）	人口（男）	人口（女）
0	1	北海道	大正	9.0	1920.0	2359183	1244322	1114861
1	2	青森県	大正	9.0	1920.0	756454	381293	375161
2	3	岩手県	大正	9.0	1920.0	845540	421069	424471
3	4	宮城県	大正	9.0	1920.0	961768	485309	476459
4	5	秋田県	大正	9.0	1920.0	898537	453682	444855

head先頭行確認

head メソッドは、デフォルトでは 5 行表示されるようになっています。

指定の行数を表示させたい場合は、引数に数字を渡します。

最後の 10 行を表示させたい場合は、tail メソッドを使用します。

```
df_population_data.tail(10)
```

sample メソッドで、ランダムの行を表示させることもできます。

```
df_population_data.sample(5)
```

	都道府県コード	都道府県名	元号	和暦（年）	西暦（年）	人口（総数）	人口（男）	人口（女）
112	19	山梨県	昭和	5.0	1930.0	631042	315327	315715
756	6	山形県	平成	12.0	2000.0	1244147	601372	642775
504	36	徳島県	昭和	45.0	1970.0	791111	376729	414382
228	41	佐賀県	昭和	15.0	1940.0	701517	343047	358470
258	24	三重県	昭和	20.0	1945.0	1394286	646954	747332

ランダム表示

●データフレームの情報を取得

データフレームの情報を取得するには、info メソッドを使用します。

変数 df_population_data についての型、行数や列数、インデックス名、各列のデータ型、使用メモリを知ることができます。

欠損値がある場合も、ここで知ることができます。

non-null とあるので欠損値はないようです。

```
df_population_data.info()
```

```
<class 'pandas.core.frame.DataFrame'>
RangeIndex: 939 entries, 0 to 938
Data columns (total 8 columns):
 #   Column   Non-Null Count  Dtype
---  ------   --------------  -----
 0   都道府県コード  939 non-null    int64
 1   都道府県名    939 non-null    object
 2   元号       939 non-null    object
 3   和暦（年）    939 non-null    float64
 4   西暦（年）    939 non-null    float64
 5   人口（総数）   939 non-null    int64
 6   人口（男）    939 non-null    int64
 7   人口（女）    939 non-null    int64
dtypes: float64(2), int64(4), object(2)
memory usage: 58.8+ KB
```

データフレームの情報

●統計量を取得

統計量を調べるには、describe メソッドを使います。

平均値、標準偏差、最大値、最小値、四分位数などの要約統計量を取得できます。

```
df_population_data.describe()
```

	都道府県コード	和暦(年)	西暦(年)	人口(総数)	人口(男)	人口(女)
count	939.000000	939.000000	939.000000	9.390000e+02	9.390000e+02	9.390000e+02
mean	23.975506	25.005325	1967.523962	2.104324e+06	1.033620e+06	1.070703e+0
std	13.558310	16.937643	28.852766	1.970612e+06	9.890101e+05	9.826168e+05
min	1.000000	2.000000	1920.000000	4.546750e+05	2.228020e+05	2.318730e+05
25%	12.000000	11.000000	1942.500000	1.000186e+06	4.846355e+05	5.160885e+05
50%	24.000000	22.000000	1970.000000	1.461197e+0	7.026970e+05	7.583210e+05
75%	36.000000	37.500000	1992.500000	2.144998e+06	1.044104e+06	1.097804e+06
max	47.000000	60.000000	2015.000000	1.351527e+07	6.666690e+06	6.848581e+06

統計量

ただし、数字が見づらいので次に小数点以下を四捨五入をします。

round関数を使うことで桁数を指定し、数値を丸めることができます。

丸めるとは、四捨五入したり、切り捨てしたり、切り上げしたりすることをいいます。

引数に0を渡し、小数点以下0桁に丸めるようにします。

```
df_population_data.describe().round(0)
```

	都道府県コード	和暦(年)	西暦(年)	人口(総数)	人口(男)	人口(女)
count	939.0	939.0	939.0	939.0	939.0	939.0
mean	24.0	25.0	1968.0	2104324.0	1033620.0	1070703.0
std	14.0	17.0	29.0	1970612.0	989010.0	982617.0
min	1.0	2.0	1920.0	454675.0	222802.0	231873.0
25%	12.0	11.0	1942.0	1000186.0	484636.0	516088.0
50%	24.0	22.0	1970.0	1461197.0	702697.0	758321.0
75%	36.0	38.0	1992.0	2144998.0	1044104.0	1097804.0
max	47.0	60.0	2015.0	13515271.0	6666690.0	6848581.0

四捨五入した統計量

このように、たったこれだけの操作で、これから分析しようとしているデータの概要がわかります。

1920年から2015年までの間、各都道府県で最大人口は1350万人、最小は45万人です。

全国平均は210万人のようです。

●グループごとに集計

ExcelのピボットテーブルSQLのGROUP BYのようなことがPandasでもできます。

groupbyメソッドを使って、都道府県別の人口平均を算出します。

```
df_population_data.groupby(by='都道府県名').mean()[['人口（総数）',
'人口（男）', '人口（女）']].round(0)
```

	人口(総数)	人口(男)	人口(女)
都道府県名			
三重県	1534021.0	743367.0	790655.0
京都府	2135318.0	1044094.0	1091224.0
佐賀県	830574.0	395551.0	435024.0
兵庫県	4233525.0	2067583.0	2165942.0
北海道	4606104.0	2272235.0	2333869.0
千葉県	3591668.0	1789947.0	1801721.0
和歌山県	978371.0	471086.0	507286.0

各都道府県の人口平均

●並び替え

変数 df_population_mean に代入しておきます。

```
df_population_mean = df_population_data.groupby(by='都道府県名'
    ).mean()[['人口（総数）', '人口（男）', '人口（女）']].round(0)
```

変数 df_population_mean を、人口の多い順に並び替えます。

sort_values メソッドを使います。

また、ascending を False とすることで降順に表示されます。昇順にするには True にします。

```
df_population_mean.sort_values(by='人口（総数）', ascending=False)
```

	人口(総数)	人口(男)	人口(女)
都道府県名			
東京都	9357393.0	4740644.0	4616749.0
大阪府	6380772.0	3167759.0	3213014.0
神奈川県	5072212.0	2582037.0	2490175.0
愛知県	4938295.0	2457583.0	2480712.0
北海道	4606104.0	2272235.0	2333869.0
千葉県	3591668.0	1789947.0	1801721.0
和歌山県	978371.0	471086.0	507286.0

並び替えたデータフレーム

●データフレームを結合する

Pandas では、データ分析に欠かせない、結合も簡単にできます。

Excel では VLOOKUP、SQL では JOIN のようなことです。

人口データではない別の例で見てみましょう。

データフレームを 2 つ作ります。

それぞれ次のようなデータフレームです。

```
left = pd.DataFrame({'name':['aaa','bbb','ccc','ddd'],'a
ge':[24,33,27,42]})
right = pd.DataFrame({'name':['eee','bbb','aaa','fff','ddd'],'grou
p':['x','y','y','x','x']})
```

```
left
```

	name	age
0	aaa	24
1	bbb	33
2	ccc	27
3	ddd	42

leftデータフレーム

```
right
```

	name	group
0	eee	x
1	bbb	y
2	aaa	y
3	fff	x
4	ddd	x

rightデータフレーム

この2つのデータフレームを、mergeメソッドで結合します。

```
pd.merge(left, right)
```

	name	age	group
0	aaa	24	y
1	bbb	33	y
2	ddd	42	x

leftとright結合

共通キーのnameを元に、両方に一致するものだけが残りました。

引数howにouterを指定することで、どちらかにあれば残すことができます。

```
pd.merge(left, right, how='outer')
```

	name	age	group
0	aaa	24.0	y
1	bbb	33.0	y
2	ccc	27.0	NaN
3	ddd	42.0	x
4	eee	NaN	x
5	fff	NaN	x

leftとright結合

```
pd.concat([left,right])
```

	name	age	group
0	aaa	24.0	NaN
1	bbb	33.0	NaN
2	ccc	27.0	NaN
3	ddd	42.0	NaN
0	eee	NaN	x
1	bbb	NaN	y
2	aaa	NaN	y
3	fff	NaN	x
4	ddd	NaN	x

縦に結合

concat メソッドを使って、縦に結合することもできます。

共通キーは関係なく、単純に横に結合することもできます。

```
pd.concat([left,right], axis=1)
```

	name	age	name	group
0	aaa	24.0	eee	x
1	bbb	33.0	bbb	y
2	ccc	27.0	aaa	y
3	ddd	42.0	fff	x
4	NaN	NaN	ddd	x

横に結合

引数 axis に 1 を渡します。

●グラフ化

可視化のための matplotlib と、日本語を表示させるためのライブラリをインポートします。

```
import matplotlib as plt
%matplotlib inline
import japanize_matplotlib
```

東京都の人口総数の折れ線グラフです。

```
df_population_data[df_population_data['都道府県名']=='東京都'][['人口(男)', '人口(女)']].plot(color=['skyblue','pink'])
```

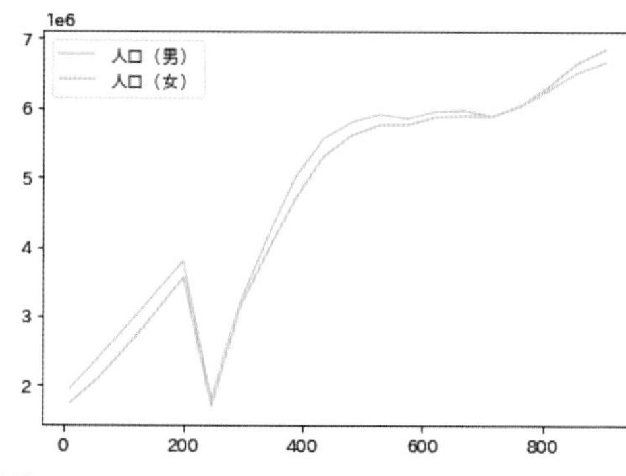

線グラフ

引数 kind に bar を指定するだけで、棒グラフもできます。

```
df_population_data[df_population_data['都道府県名']=='東京都'][['人口(男)', '人口(女)']].plot(kind='bar',color=['skyblue','pink'])
```

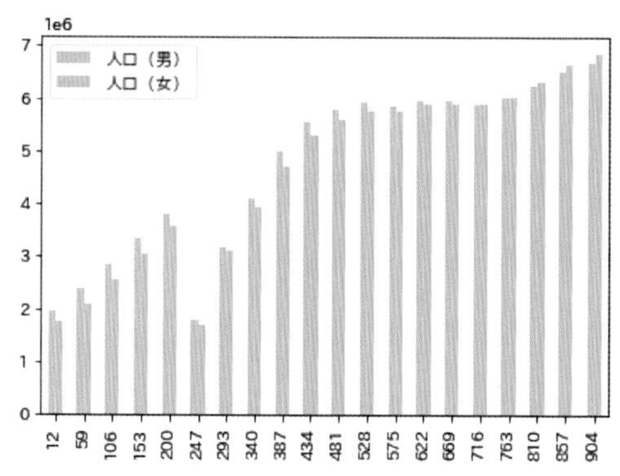

棒グラフ

02 データフレーム(DataFrame)

「ここでは、データフレームについて学びます。 Pandasではとても重要な部分です。」

「データフレーム？」

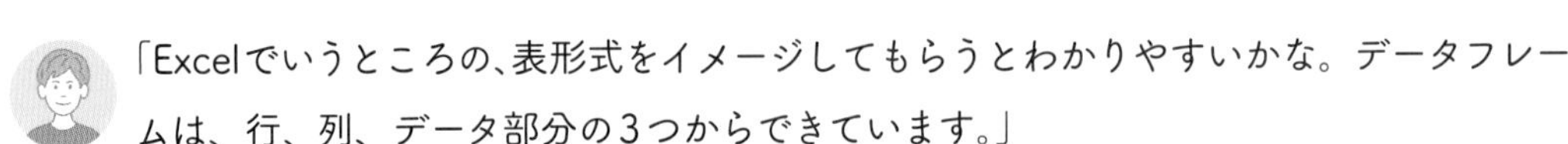
「Excelでいうところの、表形式をイメージしてもらうとわかりやすいかな。データフレームは、行、列、データ部分の3つからできています。」

「先生、行とか列とかよく分かりません。」

「普段Excelを使っているとあまり用語自体は使いませんもんね。 行は横列のこと、列は縦列のこと、縦と横が交わったマスを『セル』と言いますが、そのセルの部分をデータと呼びます。」

「へー。そういう言い方をするんですね。」

「ではさっそくデータフレームについて見ていきましょうか」

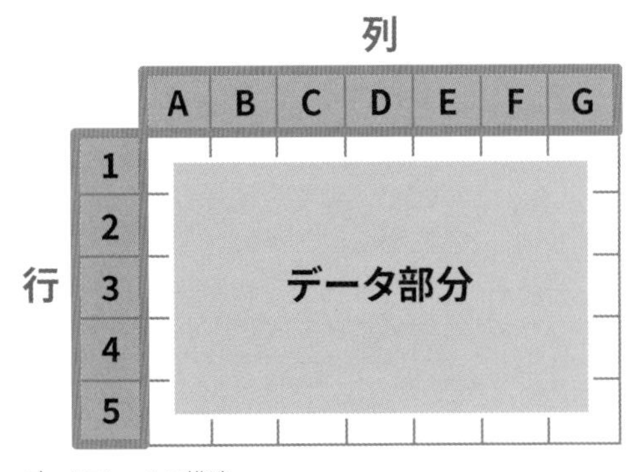

データフレームの構造

データフレームの構造：行をインデックス、列をカラムと呼びます。

データフレームは、以下の3通りの方法で作成できます。

(1) 2次元リストから作成

(2) NumPy配列のarrayメソッドを使用

(3) 辞書型データを使用

ここでは、それぞれの作成方法をデータフレームの操作について説明します。

●(1) 2次元リストを使って作成

2次元のリストとは、リストの中にリストを作るイメージです。

データ部分、カラム、インデックスをそれぞれリストで作成します。

```
df = pd.DataFrame([[1, 2, 3], [4, 5, 6], [7, 8, 9]],
                  columns=['col01', 'col02', 'col03'],
                  index=['idx01', 'idx02', 'idx03'])
```

```
df
```

	col01	col02	col03
idx01	1	2	3
idx02	4	5	6
idx03	7	8	9

データフレーム1

●(2) NumPy配列を使って作成

NumPyとは、高速にリストの計算をするためのライブラリです。

NumPyのarrayメソッドで、配列を作成できます。

(1) と同様、引数には2次元のリストを記述します。

```
import numpy as np
```

```
df = pd.DataFrame(np.array([[1, 2, 3], [4, 5, 6], [7, 8, 9]]),
                  columns=['col01', 'col02', 'col03'],
                  index=['idx01', 'idx02', 'idx03'])
```

```
df
```

	col01	col02	col03
idx01	1	2	3
idx02	4	5	6
idx03	7	8	9

データフレーム2

●インデックス、カラム参照

データフレームのインデックス属性、カラム属性を指定して、インデックス名、カラム名をそれぞれ取得します。

```
df.index
```

```
Index(['idx01', 'idx02', 'idx03'], dtype='object')
```

インデックスを確認

```
df.columns
```

```
Index(['col01', 'col02', 'col03'], dtype='object')
```

カラムを確認

dtypeとは、データ型を表しています。

●(3) 辞書型を使って作成

辞書型とは、キー（key）と値（value）が1つのセットになったものです。

キーに対して値が紐づいています。

つまり、キーを指定すると値を取得することができます。

```
df = pd.DataFrame({'col01':[1, 2, 3], 'col02':[4, 5, 6],
'col03':[7, 8, 9]})
```

```
df
```

	col01	col02	col0
0	1	4	7
1	2	5	8
2	3	6	9

辞書型で作成したデータフレーム

ただしインデックス名が設定されていないので、インデックスを追加しましょう。

```
df = pd.DataFrame({'col01':[1, 2, 3], 'col02':[4, 5, 6],
'col03':[7, 8, 9]})
df.index = ['idx01', 'idx02', 'idx03']
```

```
df
```

	col01	col02	col0
idx01	1	4	7
idx02	2	5	8
idx03	3	6	9

辞書型で作成したデータフレーム（インデックス追加）

●カラム名、インデックス名変更

新しいカラム名をリストで記述します。

あとからカラムを追加する方法と同様です。

```
df.columns = ['A','B','C']
```

```
df
```

	A	B	C
idx01	1	4	7
idx02	2	5	8
idx03	3	6	9

カラム名を変更したデータフレーム1

rename メソッドを使って、カラム名の一部を変更します。

辞書型で元の値と新しい値を指定します。

ここでは、「A」を「x」に変更します。

```
df = df.rename(columns={'A': 'x'})
```

```
df
```

	x	B	C
idx01	1	4	7
idx02	2	5	8
idx03	3	6	9

カラム名を変更したデータフレーム2

同時に2つのカラムを変更します。

今回は、「B」を「y」に、「C」を「z」に変更します。

```
df = df.rename(columns={'B': 'y','C': 'z'})
```

```
df
```

	x	y	z
idx01	1	4	7
idx02	2	5	8
idx03	3	6	9

カラム名を変更したデータフレーム3

同様の方法で、インデックスも変更できます。

```
df = df.rename(index={'idx01': 'w'})
```

```
df
```

	x	y	z
w	1	4	7
idx02	2	5	8
idx03	3	6	9

インデックス名を変更したデータフレーム3

●列の取得

データフレームからカラム名を指定し、シリーズとして「x」列を取得します。

列の値、カラム名、データ型が表示されます。

このデータ型は、列xの値部分のデータ型を示します。

```
df['x']
```

```
w        1
idx02    2
idx03    3
Name: x, dtype: int64
```

列の情報

type関数でデータ型を確認できます。

```
type(df['x'])
```

```
pandas.core.series.Series
```

取得した列のデータ型

データフレームは、1列取り出すとシリーズになることがわかります。

二重の角括弧でカラム名を指定することで、データフレームとして取得できます。

```
df[['x']]
```

	x
w	1
idx02	2
idx03	3

データフレームで取得した列

データ型はデータフレームになっています。

```
type(df[['x']])
```

```
pandas.core.frame.DataFrame
```

データフレームで取得した列のデータ型

●locメソッドで行を取得

locは、行や列のラベルを指定することで値を取得します。

```
df.loc['w']
```

```
x    1
y    4
z    7
Name: w, dtype: int64
```

locで取得した行

行と列を指定して、特定の値を取得します。

locの角括弧内は、行、列の順番で指定します。

```
df.loc['idx02', 'y']
```

```
5
```

locで取得した値

●locメソッドで列を取得

列xを指定して値を取得します。

コロンは、全部という意味です。

つまり、列xの部分を全て取得します。

```
df.loc[:,'x']
```

```
w         1
idx02     2
idx03     3
Name: x, dtype: int64
```

取得したxの列

●ilocメソッドで列を取得

ilocは、行や列の番号を指定して取得します。

ここでは、0番目の列を全て取得します。

0番目の列は、列xです。

```
df.iloc[:,0]
```

```
w         1
idx02     2
idx03     3
Name: x, dtype: int64
```

取得した0番目の列

●locメソッドでデータ操作

最初に作成したデータフレームを再度作ります。

```
df = pd.DataFrame([[1, 2, 3], [4, 5, 6], [7, 8, 9]],
                  columns=['col01', 'col02', 'col03'],
                  index=['idx01', 'idx02', 'idx03'])
```

```
df
```

	col01	col02	col03
idx01	1	2	3
idx02	4	5	6
idx03	7	8	9

データフレーム

値の 8 を 100 に置き換える操作をします。

```
df.loc['idx03','col02']=100
df
```

	col01	col02	col03
idx01	1	2	3
idx02	4	5	6
idx03	7	100	9

データフレーム

一度に複数の値を変更したい場合は、値をリスト型で代入します。

ここでは、列 col03 を全て都道府県名に変更します。

```
df.loc[:,'col03']=['Tokyo','Osaka','Hokkaido']
df
```

	col01	col02	col03
idx01	1	2	Tokyo
idx02	4	5	Osaka
idx03	7	100	Hokkaido

データフレーム

同様にスライスを使って、2列目から3列目を取得します。

スライスとは、リストや辞書型のようにデータが順番に並べられたものを取り出したい場合に使う操作です。

```
df.loc[:,'col02':'col03']
```

	col02	col03
idx01	2	Tokyo
idx02	5	Osaka
idx03	100	Hokkaido

データフレーム

iloc メソッドを使用する場合は、行番号を指定します。

同じように2列目から3列目を取得してみます。

```
df.iloc[:,1:3]
```

	col02	col03
idx01	2	Tokyo
idx02	5	Osaka
idx03	100	Hokkaido

データフレーム

●get_loc メソッドで行、列番号取得

get_loc メソッドでは、インデックスから行番号を取得できます。

```
df.index.get_loc('idx03')
```

```
2
```

idx03の行番号

get_loc メソッドでは、カラムから列番号を取得します。

```
df.columns.get_loc('col02')
```

```
1
```

col02の列番号

●データ型を調べる

dtypes 属性で、列ごとのデータ型を調べます。

値を操作する際、データ型が違ってエラーになることがあります。

dtypes は、よく使うので覚えておきましょう。

```
df.dtypes
```

```
col01      int64
col02      int64
col03     object
dtype: object
```

●行数、列数取得

shape 属性で、行数と列数をまとめて取得します。

```
df.shape
```

```
(3, 3)
```

●行と列を入れ替え

データフレームの T 属性を使って、行と列を入れ替えます。

```
df.T
```

	idx01	idx02	idx03
col01	1	4	7
col02	2	5	1000
col03	Tokyo	Osaka	Hokkaido

03 シリーズ（Series）

YouTubeはこちら

「ここでは、シリーズについて学びます。 Pandasで扱うデータ構造は、データフレーム（DataFrame）とシリーズ（Series）の2つです。」

「データフレームは、前回学習しましたね！」

「そうですね。データフレームは、Excelの表形式のイメージとお伝えしました。 一方シリーズとは、データフレームから1列取り出した時にできる型を指します。」

「じゃあ、データフレームはたくさんのシリーズが集まってできているということですか？」

「その通りです。」

「なるほど。行や列、値部分はデータフレームの時のように存在するということですね。そう考えると、シリーズって簡単そうですね。」

「すばらしい気づきですね！　データフレームと似ている部分にも着目しながらシリーズの作成方法を見ていくと理解が深まっていきます。 それではさっそくシリーズの作成方法について見ていきましょうか。」

●シリーズの作成と操作

シリーズは、以下の3通りの方法で作成することができます。

（1）リストから作成

（2）NumPy の arange メソッドを使用

（3）辞書型データを使用

ここでは、それぞれの作成方法とシリーズの操作について説明します。

● (1) リストから作成

変数 s1 に、リストで作成したシリーズを代入します。

```
import pandas as pd
```

```
s1 = pd.Series([90,78,65,87,72])
s1
```

```
0     90
1     78
2     65
3     87
4     72
dtype: int64
```

シリーズ1

左側がインデックス、右側が値部分です。

int64 の整数型であることがわかります。

リストを変数に入れてから、シリーズを作成するとコードがすっきりします。

引数に、変数 data を代入します。

```
data = [90, 78, 65, 87, 72]
```

```
s1 = pd.Series(data)
s1
```

```
0     90
1     78
2     65
3     87
4     72
dtype: int64
```

シリーズ1_2

● (2) NumPyを使って作成

NumPy の arange メソッドを使うと、配列を作ることができます。

作成した配列からシリーズを作ります。

1 からスタートし、1、3、5 のように奇数の配列を作ります。

ここでは 1 からスタートして 10 で終わり、2 ずつ増えていく配列ができます。

```
import numpy as np
```

```
np.arange(1, 10, 2)
```

```
array([1, 3, 5, 7, 9])
```

arange 配列

これを Series メソッドの引数に記述します。

ここまでは、リストを用いてシリーズを作る方法と同じです。

```
s2 = pd.Series(np.arange(1, 10, 2))
s2
```

```
0    1
1    3
2    5
3    7
4    9
dtype: int64
```

arange 配列をシリーズに

● (3) 辞書型データを使って作成

辞書型は、キー（key）と値（value）で成り立っています。

辞書型で作成した値を、変数 dict01 に代入します。

それを Series メソッドの引数に記述すれば、シリーズを作成できます。

```
dict01 = {'sato':90, 'suzuki':78, 'takahashi':65, 'tanaka':87,
'ito':72}
```

```
s3 = pd.Series(dict01)
s3
```

```
sato         90
suzuki       78
takahashi    65
tanaka       87
ito          72
dtype: int64
```

辞書型から作成したシリーズ

ここからは作成したシリーズのいろいろな操作について解説します。

●値の取得

values 属性を使うと、値を取得することができます。

```
s3.values
```

```
array([90, 78, 65, 87, 72])
```

値の取得

suzuki というインデックスを指定して、値を取得します。

```
s3['suzuki']
```

```
78
```

インデックスを指定して値を取得

インデックス番号で値を取得することもできます。

番号は 0 から数えます。

つまり、sato の値は 0、suzuki の値は 1、takahashi の値は 2 のように指定できます。

```
s3[1]
```

```
78
```

出力結果

リストを用いて複数の値を取得します。

ここでは、suzuki と tanaka の値を取得します。

```
s3[['suzuki','tanaka']]
```

```
suzuki     78
tanaka     87
dtype: int64
```

出力結果

こちらもインデックス番号で値を取得することができます。

```
s3[[1, 3]]
```

●データ型の取得

dtypes 属性で、データ型を確認できます。

int64 の整数型で作成されていることが分かります。

```
s3.dtypes
```

```
dtype('int64')
```

出力結果

●インデックスの取得

index 属性を用いて、インデックスを取得することができます。

```
s3.index
```

```
Index(['sato', 'suzuki', 'takahashi', 'tanaka', 'ito'],
dtype='object')
```

出力結果

●インデックスの変更

s3 のインデックスは名前でしたので、数字に変えてみましょう。

数字をリストで代入します。

```
s3.index = [0,1,2,3,4]
s3
```

```
0    90
1    78
2    65
3    87
4    72
dtype: int64
```

リスト要素アクセス

インデックスを元に戻しておきましょう。

```
s3.index = ['sato', 'suzuki', 'takahashi', 'tanaka', 'ito']
```

●比較演算子を使ってデータを抽出

80より大きいデータのみ抽出します。

値が80より大きいか判定し、TureまたはFalseが返ってきます。

```
s3 > 80
```

```
sato          True
suzuki       False
takahashi    False
tanaka        True
ito          False
dtype: bool
```

出力結果

これを、変数s3の角括弧内に記述することで、Trueのみを抽出できます。

つまり、80より大きいものだけを抽出します。

```
s3[s3 > 80]
```

```
sato       90
tanaka     87
dtype: int64
```

出力結果

比較演算子は、超えるや未満、以上や以下、等号といった指定もできます。

80 以下のデータを抽出してみましょう。

```
s3[s3 <= 80]
```

```
suzuki       78
takahashi    65
ito          72
dtype: int64
```

出力結果

●要素数の取得

size 属性で要素数を取得できます。

```
s3.size
```

```
5
```

出力結果

size のほかに、len 関数でも要素数を調べることができます。

```
len(s3)
```

```
5
```

出力結果

●インデックスと値部分に名前を付ける

シリーズは、インデックスと値部分で構成されています。

そのインデックスと値部分に名前を付けます。

```
s3.index.name = 'member'
s3.name = 'score'
s3
```

```
member
sato          90
suzuki        78
takahashi     65
tanaka        87
ito           72
Name: score, dtype: int64
```

出力結果

●シリーズの四則演算

シリーズでは四則演算ができます。

それぞれ試してみましょう。

実行すると、シリーズの全てのデータに四則演算が反映されます。

```
s3 + 2
```

```
member
sato          92
suzuki        80
takahashi     67
tanaka        89
ito           74
Name: score, dtype: int64
```

出力結果

```
s3 - 2
```

```
member
sato         88
suzuki       76
takahashi    63
tanaka       85
ito          70
Name: score, dtype: int64
```

出力結果

```
s3 * 2
```

```
member
sato         180
suzuki       156
takahashi    130
tanaka       174
ito          144
Name: score, dtype: int64
```

出力結果

```
s3 / 2
```

```
member
sato         45.0
suzuki       39.0
takahashi    32.5
tanaka       43.5
ito          36.0
Name: score, dtype: float64
```

出力結果

●シリーズ同士の計算

シリーズ同士に同じインデックス名がある場合、値部分を足し合わせることができます。

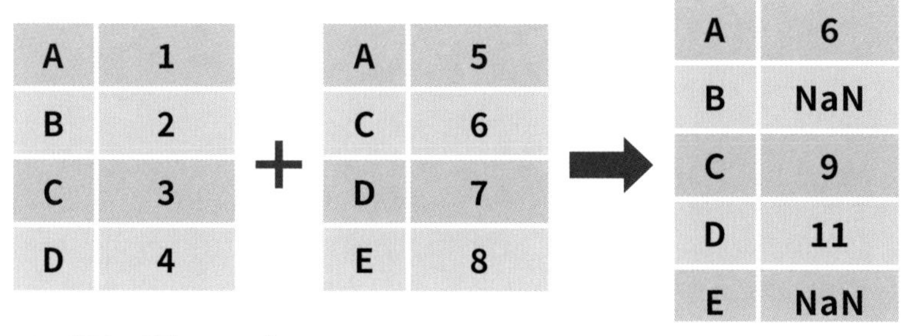

シリーズ同士の計算のイメージ

ここで、s1の中身を確認してみましょう。

```
s1
```

```
0     90
1     78
2     65
3     87
4     72
dtype: int64
```

s1

s2の中身も確認してみましょう。

```
s2
```

```
0     1
1     3
2     5
3     7
4     9
dtype: int64
```

s2

s2のシリーズのインデックスを変更します。

```
s2.index = ['suzuki', 'takahashi', 'tanaka', 'ito', 'watanabe']
s2
```

s2とs3を足し合わせてみましょう。

```
s2 + s3
```

```
ito            79.0
sato            NaN
suzuki         79.0
takahashi      68.0
tanaka         92.0
watanabe        NaN
dtype: float64
```

出力結果

インデックスは自動で追加されます。

インデックスが一致するものが足し算されました。

一方、どちらかのシリーズにしかインデックスがないものは、NaNとなってシリーズに追加されます。

●欠損値の確認

欠損値とは、値が存在しない要素のことです。

Not a Numberの略で、NaNと表示されます。

hasnans属性を使うと、欠損値がある場合にTrue、ない場合にFalseが返ってきます。

s1には欠損値が含まれていないので、Falseが表示されます。

```
s1.hasnans
```

```
False
```

出力結果

3つ目の値をNoneにしたシリーズを作ります。

Noneは、「空っぽ」という意味で、何も値がない状態のことを指します。

```
s4 = pd.Series([90, 78, 65, None, 72])
s4
```

```
0     90.0
1     78.0
2     65.0
3      NaN
4     72.0
dtype: float64
```
s4のシリーズ

```
s4.hasnans
```

```
True
```
出力結果

欠損値を含むので、True が返ってきます。

isnull メソッドで、どこの値が欠損値なのか確認することもできます。

欠損値のところだけ True となります。

```
pd.isnull(s4)
```

```
0     False
1     False
2     False
3      True
4     False
dtype: bool
```
出力結果

●データフレームとシリーズ

データフレームを使って、シリーズとの関係を見ていきましょう。

まず、データフレームを作ります。

このデータフレームから列を取り出すとシリーズになります。

```
df = pd.DataFrame([[1, 2, 3], [4, 5, 6], [7, 8, 9]],
                  columns=['col01', 'col02', 'col03'],
                  index=['idx01', 'idx02', 'idx03'])
```

```
df
```

	col01	col02	col03
idx01	1	2	3
idx02	4	5	6
idx03	7	8	9

データフレーム

col01 の列を抽出します。

```
df['col01']
```

```
idx01    1
idx02    4
idx03    7
Name: col01, dtype: int64
```

出力結果

シリーズとなって返ってきます。

type 関数を使って、データ型を認します。

```
type(df['col01'])
```

```
pandas.core.series.Series
```

出力結果

このように、データフレームから 1 列取り出すとシリーズであることが分かりますね。

●データフレームにシリーズを追加

追加するためのシリーズを作成します。

インデックスを idx01~03、値を 10 ～ 12 とします。

```
s5 = pd.Series({'idx01':10, 'idx02':11, 'idx03':12})
s5
```

```
idx01     10
idx02     11
idx03     12
dtype: int64
```

s5

作成したシリーズを、カラム col4 としてデータフレームに追加します。

```
df['col04'] = s5
df
```

	col01	col02	col03	col04
idx01	1	2	3	10
idx02	4	5	6	11
idx03	7	8	9	12

出力結果

```
s6 = pd.Series({'idx03':13, 'idx04':14, 'idx05':15})
s6
```

```
idx03     13
idx04     14
idx05     15
dtype: int64
```

s6

インデックス名が異なる場合はどうなるでしょうか?

インデックス名を idx03 のみ同じにし、それ以外は異なる名前にします。

```
df['col05'] = s6
df
```

	col01	col02	col03	col04	col05
idx01	1	2	3	10	NaN
idx02	4	5	6	11	NaN
idx03	7	8	9	12	13.0

出力結果

これを col5 というカラムに代入してみます。

このように、idx03 以外は結合させることができません。

●時系列の値

シリーズでは、時系列の値を扱うこともできます。

時系列の値を作成します。

date_range メソッドで、時系列の値を作成できます。

```
dates = pd.date_range('2020/01/01', periods=5,freq='D')
dates
```

データ型は、DatetimeIndex となっています。

```
type(dates)
```

```
pandas.core.indexes.datetimes.DatetimeIndex
```

出力結果

作成した変数 dates を、シリーズに変換します。

s1 のインデックスに指定しましょう。

s1 の中身を確認してみます。

```
pd.Series(dates)
```

```
s1
```

```
0     90
1     78
2     65
3     87
4     72
dtype: int64
```

出力結果

```
s1.index = dates
s1
```

s1 のインデックスを、日付型に変更します。

```
2020-01-01    90
2020-01-02    78
2020-01-03    65
2020-01-04    87
2020-01-05    72
Freq: D, dtype: int64
```

出力結果

04 CSV・Excel ファイルの読み込み・書き出し

「ここでは、CSV や Excel ファイルを読み込む（取り入れる）方法を学びます。」

「データを読み込むと何かいいことがあるのですか？」

「CSV や Excel ファイルを読み込むと、データフレームやシリーズをリストなどを使って作成する必要がなくなります。行数・列数の多いデータの集計や加工処理をしたい時にとても活躍してくれるんです。」

「それはすごい！　なんだかわくわくしてきました。」

●使用データ

ここでは data.csv,data.xlsx,data01.xlsx,data02.xlsx,data03.xlsx を使用します。それぞれのファイルには、政府発表の「1920 年から 2015 年までの全国の人口推移のデータ」が格納されています。

まず、最初にファイルパスの設定を行います。変数に代入しておくことで、別のファイルを読み込んで使用したい時、ここだけ編集すればよいので便利です。

```
data_csv_path = './Data/MyPandas/data.csv'
data_xl_path = './Data/MyPandas/data.xlsx'
data01_path = './Data/MyPandas/data01.xlsx'
data02_path = './Data/MyPandas/data02.xlsx'
data03_path = './Data/MyPandas/data03.xlsx'
```

```
import pandas as pd
```

●CSV データを読み込み

set_option メソッドで、読み込んだデータを表示させる行数や列数を指定できます。

ここでは 10 行に制限して表示させてみましょう。

全ての行を表示させたい場合は、行数を None に設定します。

また、head メソッドや tail メソッドでも行数を指定できますが、その都度記述するのが手間な場合は set_opition を使うと良いでしょう。

```
pd.set_option('display.max_rows', 10)
```

read_csv メソッドを使って、CSV ファイルを読み込みます。

引数 encoding で、文字コードを指定することができます。

今回は shift-jis を指定しますが、他にも utf-8 等も指定できます。

```
df_csv = pd.read_csv(data_csv_path encoding='shift-jis')
df_csv
```

	都道府県コード	都道府県名	元号	和暦(年)	西暦(年)	人口(総数)	人口(男)	人口(女)
0	1	北海道	大正	9.0	1920.0	2359183	1244322	1114861
1	2	青森県	大正	9.0	1920.0	756454	381293	375161
2	3	岩手県	大正	9.0	1920.0	845540	421069	424471
3	4	宮城県	大正	9.0	1920.0	961768	485309	476459
4	5	秋田県	大正	9.0	1920.0	898537	453682	444855
...	...	...	...	...	...	...	...	...

出力結果

●カラム名を指定して読み込み

カラム名の無い data01.csv ファイルを読み込み、カラム名を追加します。

同様に read_csv メソッドを使ってファイルを読み込みます。

引数 names にカラム名のリストを代入します。

```
df_csv = pd.read_csv(data01_path encoding='shift-jis',
        names = ['area_code','area', 'GG', 'gg',  'yyyy',
'population', 'man', 'woman'])
df_csv
```

	area_code	area	GG	gg	yyyy	population	man	woman
0	1	北海道	大正	9	1920	2359183	1244322	1114861
1	2	青森県	大正	9	1920	756454	381293	375161
2	3	岩手県	大正	9	1920	845540	421069	424471
3	4	宮城県	大正	9	1920	961768	485309	476459
4	5	秋田県	大正	9	1920	898537	453682	444855
...	...	...	...	...	...	...	...	...

出力結果

●インデックスを指定して読み込み

指定した列をインデックスとして、CSV を読み込むこともできます。

ここでは、都道府県名をインデックスに指定します。

read_csv メソッドの引数 index_col を追加し、指定したい列番号や列名を代入します。

列番号は、リストと同じように 0 から始まります。

したがって、都道府県の列番号は 1 です。

```
df_csv = pd.read_csv(data_csv_path encoding='shift-jis', index_
col=1)
df_csv
```

都道府県名	都道府県コード	元号	和暦（年）	西暦（年）	人口（総数）	人口（男）	人口（女）	人口（女）
北海道	1	大正	9.0	1920.0	2359183	1244322	1114861	1114861
青森県	2	大正	9.0	1920.0	756454	381293	375161	375161
岩手県	3	大正	9.0	1920.0	845540	421069	424471	424471
宮城県	4	大正	9.0	1920.0	961768	485309	476459	476459
秋田県	5	大正	9.0	1920.0	898537	453682	444855	444855
...	...	...	...	...	...	...	...	...

出力結果

●複数のインデックスを指定して読み込み

5 列目までをインデックスとし、データ部分を人口データのみとします。

インデックスの列を複数指定する場合は、引数 index_col に列番号のリストを代入渡します。

```
df_csv = pd.read_csv(data_csv_path encoding='shift-jis', index_
col=[0, 1, 2, 3, 4])
df_csv.head()
```

					人口（総数）	人口（男）	人口（女）
都道府県コード	都道府県名	元号	和暦（年）	西暦（年）			
1	北海道	大正	9.0	1920.0	2359183	1244322	1114861
2	青森県	大正	9.0	1920.0	756454	381293	375161
3	岩手県	大正	9.0	1920.0	845540	421069	424471
4	宮城県	大正	9.0	1920.0	961768	485309	476459
5	秋田県	大正	9.0	1920.0	898537	453682	444855
4	宮城県	大正	9.0	1920.0	961768	485309	476459
5	秋田県	大正	9.0	1920.0	898537	453682	444855

出力結果

このように、複数の列がインデックスである状態を「マルチインデックス」といいます。

●CSVファイルに書き出し

```
df_csv.to_csv('data_csv.csv', encoding='shift-jis')
```

to_csv メソッドを使って、CSV ファイルを書き出します。

引数 encoding で、shift-jis を指定します。

これによって、CSV ファイルに書き込んだときに文字化けを防ぐことができます。

●Excelファイルの読み込み

read_excel メソッドで Excel のデータを読み込みます。

read_csv と read_excel は、使い方は非常に似ています。

```
pd.read_excel(data_xl_path)
```

	都道府県コード	都道府県名	元号	和暦（年）	西暦（年）	人口（総数）	人口（男）	人口（女）
0	1	北海道	大正	9	1920	2359183	1244322	1114861
1	2	青森県	大正	9	1920	756454	381293	375161
2	3	岩手県	大正	9	1920	845540	421069	424471
3	4	宮城県	大正	9	1920	961768	485309	476459
4	5	秋田県	大正	9	1920	898537	453682	444855
...	...	...	...	...	...	...	...	...

出力結果

data01.xlsx は、最初の 2 行が空白です。

カラム名が Unnamed や、1 行目が NaN になっていますね。

```
pd.read_excel(data01_path)
```

	Unnamed: 0	Unnamed: 1	Unnamed: 2	Unnamed: 3	Unnamed: 4	Unnamed: 5	man	woman
0	NaN	NaN	NaN	NaN	NaN	NaN	NaN	NaN
1	都道府県コード	都道府県名	元号	和暦(年)	西暦(年)	人口(総数)	人口(男)	人口(女)
2	1	北海道	大正	9	1920	2359183	1244322	1114861
3	2	青森県	大正	9	1920	756454	381293	375161
4	3	岩手県	大正	9	1920	845540	421069	424471
...	...	...	...	...	...	...	...	...

出力結果

●カラム名を指定してExcelファイルを読み込み

最初の2行をスキップしてExcelファイルを読み込む記述をします。

引数skiprowsに、スキップする行数を記述します。

```
pd.read_excel(data01_path skiprows=2)
```

	都道府県コード	都道府県名	元号	和暦(年)	西暦(年)	人口(総数)	人口(男)	人口(女)
0	1	北海道	大正	9	1920	2359183	1244322	1114861
1	2	青森県	大正	9	1920	756454	381293	375161
2	3	岩手県	大正	9	1920	845540	421069	424471
3	4	宮城県	大正	9	1920	961768	485309	476459
4	5	秋田県	大正	9	1920	898537	453682	444855
...	...	...	...	...	...	...	...	...

出力結果

ExcelやCSVファイルにカラム名がある場合は、headerを明示的に指定する方法もあります。

1行目をカラム名にしている場合は、引数headerに0を指定します。

デフォルトでは1行目がヘッダーに設定されるようになっているので変化はありません。

```
pd.read_excel(data01_path skiprows = 2, header=[0])
```

	都道府県コード	都道府県名	元号	和暦(年)	西暦(年)	人口(総数)	人口(男)	人口(女)
0	1	北海道	大正	9	1920	2359183	1244322	1114861
1	2	青森県	大正	9	1920	756454	381293	375161
2	3	岩手県	大正	9	1920	845540	421069	424471
3	4	宮城県	大正	9	1920	961768	485309	476459
4	5	秋田県	大正	9	1920	898537	453682	444855
...	...	...	...	...	...	...	...	...

出力結果

引数 header を 1 とすると、このように 2 行目がヘッダーとして表示されます。

```
pd.read_excel(data01_path skiprows = 2, header=[1])
```

	1	北海道	大正	9	1920	2359183	1244322	1114861
0	2	青森県	大正	9	1920	756454	381293	375161
1	3	岩手県	大正	9	1920	845540	421069	424471
2	4	宮城県	大正	9	1920	961768	485309	476459
3	5	秋田県	大正	9	1920	898537	453682	444855
4	6	山形県	大正	9	1920	968925	478328	490597
...	...	...	...	...	...	...	...	...

出力結果

列名の無い data02.xlsx ファイルを読み込みます。

ヘッダーのないファイルの場合は、引数 header に None を渡すと、カラム名に自動的に連番を振ります。

```
pd.read_excel(data02_path header=None)
```

	0	1	2	3	4	5	6	7
0	1	北海道	大正	9	1920	2359183	1244322	1114861
1	2	青森県	大正	9	1920	756454	381293	375161
2	3	岩手県	大正	9	1920	845540	421069	424471
3	4	宮城県	大正	9	1920	961768	485309	476459
4	5	秋田県	大正	9	1920	898537	453682	444855
...	...	...	...	...	...	...	...	...

出力結果

data03.xlsx というファイルを開き、1 行目と 2 行目をカラムに設定します。

1 行目は地域、2 行目には各列の名前が入っています。

```
pd.read_excel(data03_path header=[0, 1])
```

	地域	羽田		成田		千歳	
	年月日	平均気温 (℃)	降水量の合計 (mm)	平均気温 (℃)	降水量の合計 (mm)	平均気温 (℃)	降水量の合計 (mm)
0	2019/1/1	6.8	0.0	2.0	0.0	-4.7	0.0
1	2019/1/2	7.3	0.0	3.9	0.0	-6.9	0.0
2	2019/1/3	6.1	0.0	2.3	0.0	-7.4	0.0
3	2019/1/4	6.5	0.0	2.2	0.0	-2.6	0.0
4	2019/1/5	8.3	0.0	6.2	0.0	-3.3	4.5
...	...	...	...	...	...	...	...

出力結果

●インデックスを指定してExcelファイルを読み込み

```
pd.read_excel(data_xl_path index_col = '都道府県コード')
```

都道府県コード	都道府県名	元号	和暦(年)	西暦(年)	人口(総数)	人口(男)	人口(女	人口(女)
1	北海道	大正	9	1920	2359183	1244322	1114861	1114861
2	青森県	大正	9	1920	756454	381293	375161	375161
3	岩手県	大正	9	1920	845540	421069	424471	424471
4	宮城県	大正	9	1920	961768	485309	476459	476459
5	秋田県	大正	9	1920	898537	453682	444855	444855
...	...	...	...	...	...	...	...	...

出力結果

再度、data.xlsx のファイルを開きます。

引数 index_col で、列名の都道府県コードをインデックスに設定します。

●インデックスを日付型として読み込む

data03.xlsx を再度読み込み、インデックスを日付型として表示させてみましょう。

地域が記載された 1 行目はスキップさせ、2 行目から読み込みます。

```
df_excel = pd.read_excel(data03_path skiprows=1, index_col='年月日
')
df_excel
```

	平均気温(℃)	降水量の合計(mm)	平均気温(℃).1	降水量の合計(mm).1	平均気温(℃).2	降水量の合計(mm).2
年月日						
2019/1/1	6.8	0.0	2.0	0.0	-4.7	0.0
2019/1/2	7.3	0.0	3.9	0.0	-6.9	0.0
2019/1/3	6.1	0.0	2.3	0.0	-7.4	0.0
2019/1/4	6.5	0.0	2.2	0.0	-2.6	0.0
2019/1/5	8.3	0.0	6.2	0.0	-3.3	4.5
...	...	...	...	...	...	...

インデックスのデータ型を type メソッドで確認します。

通常のインデックスになっています。

```
type(df_excel.index)
```

```
pandas.core.indexes.base.Index
```

出力結果

さらに、読み込む際に引数 parse_dates に True を渡します。

こうすることで、インデックスで指定された列が日付型として読み込まれます。

日付部分がハイフン表示になります。

```
df_excel = pd.read_excel(data03_path skiprows=1, index_col='年月日
', parse_dates=True)
df_excel
```

	平均気温 (℃)	降水量の合計 (mm)	平均気温 (℃).1	降水量の合計 (mm).1	平均気温 (℃).2	降水量の合計 (mm).2
年月日						
2019-01-01	6.8	0.0	2.0	0.0	-4.7	0.0
2019-01-02	7.3	0.0	3.9	0.0	-6.9	0.0
2019-01-03	6.1	0.0	2.3	0.0	-7.4	0.0
2019-01-04	6.5	0.0	2.2	0.0	-2.6	0.0
2019-01-05	8.3	0.0	6.2	0.0	-3.3	4.5
...	...	...	...	...	...	...

出力結果

データ型が DatetimeIndex となり、日付型が確認できます。

インデックスが日付型になると、特殊な集計やメソッドを使うことができます。

```
type(df_excel.index)
```

```
pandas.core.indexes.datetimes.DatetimeIndex
```

出力結果

● Excelファイルに書き出し

to_excel メソッドを使って、データフレームを Excel データへ書き出すことができます。

```
df_excel.to_excel('df_excel.xlsx')
```

05 データ抽出

「ここでは、データの抽出方法について学びます。 あるデータから、特定の条件に一致するデータを抜き出したい時ってありませんか？」

「あります。Excelならフィルター機能を使いますが、どうやって探すのかよくわかりません。」

「データの抽出方法をマスターすればどんな条件でも簡単に探せてしまいますよ！」

「それ、早く知りたかったです。あらゆる観点から即座にデータを取り出せるんですね。」

「そうです。自由に取り出すことができますよ。」

「それなら気軽に条件と一致するデータを検索できそうですね！！」

「では、さっそく見ていきましょうか」

●使用データ

ここでは政府発表の「1920年から2015年までの全国の人口推移のデータ」が格納されているdata.csvを使用します。

まず、最初にファイルパスの設定を行います。変数に代入しておくことで、別のファイルを読み込んで使用したい時、ここだけ編集すればよいので便利です。

```
data_csv_path = './Data/MyPandas/data.csv'
```

```
import pandas as pd
```

●表示する列数、行数を変更

set_option メソッドを使って、表示する列数・行数を変更します。

列数は制限なし、行数は 5 とします。

```
pd.set_option('display.max_columns', None)  # 列数
pd.set_option('display.max_rows', 5)  # 行数
```

●CSV ファイル読み込み

read_csv メソッドを使って、CSV ファイルを読み込みます。

```
df = pd.read_csv(data_csv_path, encoding='shift-jis')
df
```

	都道府県コード	都道府県名	元号	和暦(年)	西暦(年)	人口(総数)	人口(男)	人口(女)
0	1	北海道	大正	9.0	1920.0	2359183	1244322	1114861
1	2	青森県	大正	9.0	1920.0	756454	381293	375161
...	...	...	...	...	...	...	...	...
937	46	鹿児島県	平成	27.0	2015.0	1648177	773061	875116
938	47	沖縄県	平成	27.0	2015.0	1433566	704619	728947

939 rows × 8 columns

出力結果

●インデックス番号の振り直し

インデックスは 0 から始まり、0、1、2、3 と増えていきます。

従って、全てのインデックスに 1 を足すことで 1、2、3、4 というインデックスになります。

```
df.index = df.index + 1
df
```

	都道府県コード	都道府県名	元号	和暦(年)	西暦(年)	人口(総数)	人口(男)	人口(女)
1	1	北海道	大正	9.0	1920.0	2359183	1244322	1114861
2	2	青森県	大正	9.0	1920.0	756454	381293	375161
...	...	...	...	...	...	...	...	...
938	46	鹿児島県	平成	27.0	2015.0	1648177	773061	875116
939	47	沖縄県	平成	27.0	2015.0	1433566	704619	728947

939 rows × 8 columns

出力結果

●データフレームをスライスでデータ抽出

スライスとは、データの一部分を切り取ってデータを取得する操作のことです。

Python のスライスでは、該当範囲の開始位置と終了位置をコロンで指定し、角括弧で挟むように記述をします。

最初の 3 行を抽出してみます。

```
df[0:3]
```

	都道府県コード	都道府県名	元号	和暦（年）	西暦（年）	人口（総数）	人口（男）	人口（女）
1	1	北海道	大正	9.0	1920.0	2359183	1244322	1114861
2	2	青森県	大正	9.0	1920.0	756454	381293	375161
3	3	岩手県	大正	9.0	1920.0	845540	421069	424471

出力結果

なお、スライスでは開始位置が 0 の場合、省略することも可能です。

```
df[:3]
```

10 ～ 14 行目を抽出したい場合このように記述します。

行は 0 行目から始まるので、10 ではなく 9 と書く点に注意しましょう。

```
df[9:14]
```

	都道府県コード	都道府県名	元号	和暦（年）	西暦（年）	人口（総数）	人口（男）	人口（女）
10	10	群馬県	大正	9.0	1920.0	1052610	514106	538504
11	11	埼玉県	大正	9.0	1920.0	1319533	641161	678372
12	12	千葉県	大正	9.0	1920.0	1336155	656968	679187
13	13	東京都	大正	9.0	1920.0	3699428	1952989	1746439
14	14	神奈川県	大正	9.0	1920.0	1323390	689751	633639

出力結果

●シリーズをスライスでデータ抽出

スライスはシリーズでもできます。

「人口（総数)」の 1 列を 5 行目まで取り出してみましょう。

```
df['人口（総数）'][:5]
```

```
1    2359183
2     756454
3     845540
4     961768
5     898537
Name: 人口（総数）, dtype: int64
```

出力結果

●列名を指定したデータフレームをスライスでデータ抽出

データ型がシリーズだと扱えない場合があるため、データフレームとして抽出してみましょう。

2重角括弧を使うことで、データフレームとして抽出することが可能です。

```
df[['人口（総数）']][:5]
```

	人口（総数）
1	2359183
2	756454
3	845540
4	961768
5	898537

出力結果

抽出したい列をカンマで区切り、複数の列を指定できます。

都道府県名と人口（総数）の列を、最初の5行だけデータフレームで抽出してみましょう。

```
df[['人口（総数）','都道府県名']][:5]
```

	人口（総数）	都道府県名
1	2359183	北海道
2	756454	青森県
3	845540	岩手県
4	961768	宮城県
5	898537	秋田県

出力結果

●条件に一致する行のみデータ抽出

True、False の真偽値を使ってデータ抽出ができます。

西暦（年）が 2015 年に一致する行を抽出します。

条件に一致する行がTrue、一致しない行がFalseとして返ってきます。

```
df['西暦（年）'] == 2015
```

```
1       False
2       False
        ...
938      True
939      True
Name: 西暦（年）, Length: 939, dtype: bool
```

出力結果

これをデータフレームの中の角括弧の中に入れます。

西暦が2015に一致する行のみが抽出されます。

```
df[df['西暦（年）'] == 2015]
```

	都道府県コード	都道府県名	元号	和暦（年）	西暦（年）	人口（総数）	人口（男）	人口（女）
893	1	北海道	平成	27.0	2015.0	5381733	2537089	2844644
894	2	青森県	平成	27.0	2015.0	1308265	614694	693571
...	...	...	...	...	...	...	...	...
938	46	鹿児島県	平成	27.0	2015.0	1648177	773061	875116
939	47	沖縄県	平成	27.0	2015.0	1433566	704619	728947

47 rows × 8 columns

出力結果

文字列を指定して抽出したい場合は、文字列をシングルクォーテーションで囲みます。

ここでは、都道府県名が東京都の行を抽出できます。

```
df[df['都道府県名'] == '東京都']
```

	都道府県コード	都道府県名	元号	和暦（年）	西暦（年）	人口（総数）	人口（男）	人口（女）
13	13	東京都	大正	9.0	1920.0	3699428	1952989	1746439
60	13	東京都	大正	14.0	1925.0	4485144	2387609	2097535
...	...	...	...	...	...	...	...	...
858	13	東京都	平成	22.0	2010.0	13159388	6512110	6647278
905	13	東京都	平成	27.0	2015.0	13515271	6666690	6848581

20 rows × 8 columns

西暦が10の倍数のデータを抽出します。

つまり、西暦を10で割った時の余りが0となるデータです。

剰余を求める演算子は「%」です。

```
df[df['西暦（年）'] % 10 == 0]
```

	都道府県コード	都道府県名	元号	和暦(年)	西暦(年)	人口(総数)	人口(男)	人口(女)
1	1	北海道	大正	9.0	1920.0	2359183	1244322	1114861
2	2	青森県	大正	9.0	1920.0	756454	381293	375161
...	...	...	...	...	...	...	...	...
891	46	鹿児島県	平成	22.0	2010.0	1706242	796896	909346
892	47	沖縄県	平成	22.0	2010.0	1392818	683328	709490

470 rows × 8 columns

出力結果

西暦が 10 の倍数ではない場合を抽出してみます。

先ほどの記述の前に、NOT 演算子である、「~」を付けます。

```
df[~(df['西暦（年）'] % 10 == 0)]
```

	都道府県コード	都道府県名	元号	和暦(年)	西暦(年)	人口(総数)	人口(男)	人口(女)
48	1	北海道	大正	14.0	1925.0	2498679	1305473	1193206
49	2	青森県	大正	14.0	1925.0	812977	408770	404207
...	...	...	...	...	...	...	...	...
938	46	鹿児島県	平成	27.0	2015.0	1648177	773061	875116
939	47	沖縄県	平成	27.0	2015.0	1433566	704619	728947

469 rows × 8 columns

出力結果

不等価演算子「!=」に置き換えても、同様の結果が得られます。

```
df[df['西暦（年）'] % 10 != 0]
```

●and条件

西暦 2015 年かつ東京都の行を抽出します。

2 つの条件の記述を、& で結びます。

```
df[(df['西暦（年）'] == 2015) & (df['都道府県名'] == '東京都')]
```

	都道府県コード	都道府県名	元号	和暦(年)	西暦(年)	人口(総数)	人口(男)	人口(女)
905	13	東京都	平成	27.0	2015.0	13515271	6666690	6848581

出力結果

●or条件

西暦2010年または、2015年の行を抽出します。

or条件でのデータ抽出は、「|(パイプライン、縦棒)」を使います。

```
df[(df['西暦(年)'] == 2010) | (df['西暦(年)'] == 2015)]
```

	都道府県コード	都道府県名	元号	和暦(年)	西暦(年)	人口(総数)	人口(男)	人口(女)
846	1	北海道	平成	22.0	2010.0	5506419	2603345	2903074
847	2	青森県	平成	22.0	2010.0	1373339	646141	727198
...	...	...	...	...	...	...	...	...
938	46	鹿児島県	平成	27.0	2015.0	1648177	773061	875116
939	47	沖縄県	平成	27.0	2015.0	1433566	704619	728947

94 rows × 8 columns

出力結果

●containsメソッドを使ったデータ抽出

都道府県名に「山」という文字が含まれている場合を抽出するにはcontainsメソッドを使います。

これを実行すると、「山」という文字が含まれる行がTrue、含まない行はFalseとして返ってきます。

```
df['都道府県名'].str.contains('山')
```

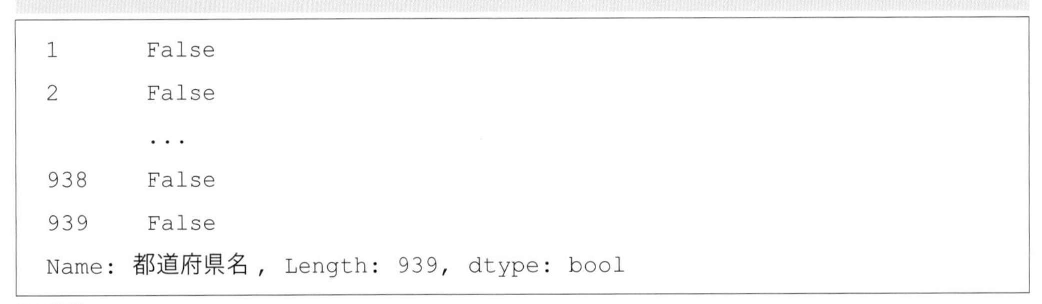

```
1       False
2       False
        ...
938     False
939     False
Name: 都道府県名, Length: 939, dtype: bool
```

出力結果

これを抽出条件にすれば、「山」という文字列が含まれる都道府県の行のみが表示されます。

```
df[df['都道府県名'].str.contains('山')]
```

●startswith、endswithメソッドを使ったデータ抽出

特定の文字や文字列から始まる場合はstartswithメソッドを使います。

「大」から始まる都道府県を抽出してみましょう。

```
df[df['都道府県名'].str.startswith('大')]
```

	都道府県コード	都道府県名	元号	和暦(年)	西暦(年)	人口(総数)	人口(男)	人口(女)
27	27	大阪府	大正	9.0	1920.0	2587847	1344846	1243001
44	44	大分県	大正	9.0	1920.0	860282	422708	437574
...	...	...	...	...	...	...	...	...
919	27	大阪府	平成	27.0	2015.0	8839469	4256049	4583420
936	44	大分県	平成	27.0	2015.0	1166338	551932	614406

40 rows × 8 columns

出力結果

特定の文字や文字列で終わる場合はendswithメソッドを使います。

「道」で終わる都道府県を抽出してみましょう。

```
df[df['都道府県名'].str.endswith('道')]
```

	都道府県コード	都道府県名	元号	和暦(年)	西暦(年)	人口(総数)	人口(男)	人口(女)
1	1	北海道	大正	9.0	1920.0	2359183	1244322	1114861
48	1	北海道	大正	14.0	1925.0	2498679	1305473	1193206
...	...	...	...	...	...	...	...	...
846	1	北海道	平成	22.0	2010.0	5506419	2603345	2903074
893	1	北海道	平成	27.0	2015.0	5381733	2537089	2844644

20 rows × 8 columns

出力結果

●maxメソッドを使ったデータ抽出

maxメソッドを使って、列の最大値に当てはまる条件のデータを抽出します。

西暦の最大値、つまり2015年に合致するデータが抽出できます。

```
df[df['西暦（年）'] == df['西暦（年）'].max()]
```

	都道府県コード	都道府県名	元号	和暦（年）	西暦（年）	人口（総数）	人口（男）	人口（女）
893	1	北海道	平成	27.0	2015.0	5381733	2537089	2844644
894	2	青森県	平成	27.0	2015.0	1308265	614694	693571
...	...	...	...	...	...	...	...	...
938	46	鹿児島県	平成	27.0	2015.0	1648177	773061	875116
939	47	沖縄県	平成	27.0	2015.0	1433566	704619	728947

47 rows × 8 columns

出力結果

●locメソッドを使ったデータ抽出

895行目の、列名「人口（男)」と「人口（女)」を抽出してみます。

角括弧の中では、行と列の順番で指定します。

複数の列名を指定するのでリストで記述します。

```
df.loc[895,['人口（男）','人口（女）']]
```

```
人口（男）    615584
人口（女）    664010
Name: 895, dtype: object
```

出力結果

06 データの並び替え

「ここでは、データフレームやシリーズの並び替えについて学びます。」

「並べ替えまでできるんですね。 Excelで並び替えをよく使うのでPandasでもできるならとても助かります。」

「ExcelやSQLと同じように、Pandasでも昇順、降順からの並び替えや2列以上の並び替えができるんです。」

「そんなことまで！！！ ちなみに、Pandasでしかできない機能とかあったりしますか？」

「あります。ExcelやSQLではできない行方向の並び替えなどもできてしまいますよ。」

「行方向の並び替えですか。いろいろなシーンで活用できそうですね。」

「そうです。Excelでやろうとすると大変ですもんね。ではさっそく見ていきましょうか。」

●使用データ

ここでは、架空のアパレル会社の販売データが格納されているsample.xlsxファイルを使います。

まず、最初にファイルパスの設定を行います。変数に代入しておくことで、別のファイルを読み込んで使用したい時、ここだけ編集すればよいので便利です。

```
sample_xl_path = './Data/MyPandas/sample.xlsx'
```

```
import pandas as pd
```

read_excel メソッドを使って Excel ファイルを読み込みます。

ここでは、引数 sheet_name で Excel のシートを指定します。

```
df = pd.read_excel(sample_xl_path, sheet_name='実績管理表')
df
```

	売上日	社員ID	氏名	性別	商品分類	商品名	単価	数量	売上金額
0	2020-01-04	a023	河野 利香	女	ボトムス	ロングパンツ	7000	8	56000
1	2020-01-05	a003	石崎 和香菜	女	ボトムス	ジーンズ	6000	10	60000
2	2020-01-05	a052	井上 真	女	アウター	ジャケット	10000	7	70000
3	2020-01-06	a003	石崎 和香菜	女	ボトムス	ロングパンツ	7000	10	70000
4	2020-01-07	a036	西尾 謙	男	ボトムス	ロングパンツ	7000	2	14000
...	...	...	...	...	...	...	...	...	...

224 rows × 9 columns

出力結果

●データフレームの1つのカラムを並び替え

sort_values メソッドを使って、売上金額が少ない順（昇順）に並び替えをします。

引数 by には、並び替えをしたいカラム名を渡します。

```
df.sort_values(by='売上金額')
```

	売上日	社員ID	氏名	性別	商品分類	商品名	単価	数量	売上金額
218	2020-12-26	a013	宮瀬 尚紀	男	ボトムス	ハーフパンツ	3000	1	3000
186	2020-11-04	a051	井上 真	男	ボトムス	ハーフパンツ	3000	1	3000
182	2020-11-03	a051	井上 真	男	ボトムス	ハーフパンツ	3000	1	3000
117	2020-08-07	a003	石崎 和香菜	女	ボトムス	ハーフパンツ	3000	1	3000
81	2020-06-10	a023	河野 利香	女	トップス	シャツ	4000	1	4000
...	...	...	...	...	...	...	...	...	...

224 rows × 9 columns

出力結果

```
df.sort_values(by='売上金額',ascending=False)
```

引数 ascending に False を渡すことで、売上金額が多い順（降順）に並び替えることができます。

ascending はデフォルトでは True の昇順になっています。

	売上日	社員ID	氏名	性別	商品分類	商品名	単価	数量	売上金額
198	2020-11-19	a003	石崎　和香菜	女	アウター	ダウン	18000	10	180000
132	2020-08-25	a036	西尾　謙	男	アウター	ダウン	18000	10	180000
135	2020-08-26	a013	宮瀬　尚紀	男	アウター	ダウン	18000	9	162000
82	2020-06-11	a023	河野　利香	女	アウター	ダウン	18000	9	162000
123	2020-08-17	a036	西尾　謙	男	アウター	ダウン	18000	8	144000
...	...	...	...	...	...	...	...	...	...
81	2020-06-10	a023	河野　利香	女	トップス	シャツ	4000	1	4000

224 rows × 9 columns

出力結果

●データフレームの2つ以上のカラムを並び替え

2つのカラムを並び替えたい場合は、引数 by にリストで渡します。

```
df.sort_values(by=['氏名','売上金額'])
```

	売上日	社員ID	氏名	性別	商品分類	商品名	単価	数量	売上金額
14	2020-01-22	a047	上瀬　由和	男	トップス	シャツ	4000	1	4000
9	2020-01-11	a047	上瀬　由和	男	ボトムス	ロングパンツ	7000	1	7000
175	2020-10-30	a047	上瀬　由和	男	ボトムス	ハーフパンツ	3000	3	9000
222	2020-12-30	a047	上瀬　由和	男	ボトムス	ハーフパンツ	3000	3	9000
24	2020-02-13	a047	上瀬　由和	男	トップス	ニット	8000	2	16000
...	...	...	...	...	...	...	...	...	...
223	2020-12-31	a036	西尾　謙	男	ボトムス	ロングパンツ	7000	10	70000

224 rows × 9 columns

出力結果

氏名を昇順、売上金額は降順に並び替えてみましょう。

引数 ascending に、True と False をリストで渡します。

```
df.sort_values(by=['氏名','売上金額'],ascending=[True,False])
```

	売上日	社員ID	氏名	性別	商品分類	商品名	単価	数量	売上金額
21	2020-02-03	a047	上瀬　由和	男	アウター	ダウン	18000	8	144000
6	2020-01-10	a047	上瀬　由和	男	アウター	ダウン	18000	7	126000
99	2020-07-10	a047	上瀬　由和	男	アウター	ダウン	18000	7	126000
42	2020-03-12	a047	上瀬　由和	男	アウター	ジャケット	10000	9	90000
104	2020-07-14	a047	上瀬　由和	男	アウター	ジャケット	10000	9	90000
...	...	...	...	...	...	...	...	...	...
190	2020-11-10	a036	西尾　謙	男	アウター	ジャケット	10000	1	10000

224 rows × 9 columns

出力結果

3つのカラムの並び替えも可能です。

```
df.sort_values(by=['性別','氏名','売上金額
'],ascending=[True,True,False])
```

	売上日	社員ID	氏名	性別	商品分類	商品名	単価	数量	売上金額
219	2020-12-26	a052	井上 真	女	アウター	ダウン	18000	4	72000
2	2020-01-05	a052	井上 真	女	アウター	ジャケット	10000	7	70000
97	2020-06-30	a052	井上 真	女	トップス	ニット	8000	8	64000
39	2020-03-06	a052	井上 真	女	アウター	ジャケット	10000	6	60000
145	2020-09-01	a052	井上 真	女	ボトムス	ロングパンツ	7000	5	35000
...	...	...	...	...	...	...	...	...	...
190	2020-11-10	a036	西尾 謙	男	アウター	ジャケット	10000	1	10000

224 rows × 9 columns

出力結果

●欠損値の扱い

セルに空白がある場合はどのようになるでしょうか?

「実績管理表 _ 空白'」というワークシートを読み込んだ上で、氏名の昇順で並び替えてみます。

```
df = pd.read_excel(sample_xl_path, sheet_name='実績管理表 _ 空白')
df.sort_values(by='氏名',ascending=True)
```

	売上日	社員ID	氏名	性別	商品分類	商品名	単価	数量	売上金額
222	2020-12-30	a047	上瀬 由和	男	ボトムス	ハーフパンツ	3000	3	9000
23	2020-02-10	a047	上瀬 由和	男	ボトムス	ロングパンツ	7000	3	21000
24	2020-02-13	a047	上瀬 由和	男	トップス	ニット	8000	2	16000
199	2020-11-19	a047	上瀬 由和	男	ボトムス	ロングパンツ	7000	7	49000
197	2020-11-16	a047	上瀬 由和	男	トップス	ニット	8000	8	64000
...	...	...	...	...	...	...	...	...	...
86	2020-06-15	a036	西尾 謙	男	トップス	ニット	8000	2	16000
223	2020-12-31	a036	西尾 謙	男	ボトムス	ロングパンツ	7000	10	70000
16	2020-01-25	a036	NaN	男	トップス	シャツ	4000	5	20000
17	2020-01-26	a003	NaN	女	トップス	シャツ	4000	6	24000
18	2020-01-26	a013	NaN	男	ボトムス	ロングパンツ	7000	5	35000

224 rows × 9 columns

出力結果

空白のセルが一番下に来ています。

このように、値が入っていない部分のことを欠損値といいます。

降順に並び替えた場合でも、欠損値が一番最後に表示されます。

```
df = pd.read_excel(sample_xl_path, sheet_name='実績管理表_空白')
df.sort_values(by='氏名',ascending=False)
```

	売上日	社員ID	氏名	性別	商品分類	商品名	単価	数量	売上金額
223	2020-12-31	a036	西尾 謙	男	ボトムス	ロングパンツ	7000	10	70000
188	2020-11-09	a036	西尾 謙	男	ボトムス	ジーンズ	6000	8	48000
29	2020-02-25	a036	西尾 謙	男	トップス	シャツ	4000	1	4000
137	2020-08-26	a036	西尾 謙	男	ボトムス	ハーフパンツ	3000	6	18000
31	2020-03-02	a036	西尾 謙	男	ボトムス	ハーフパンツ	3000	3	9000
...	...	...	...	...	...	...	...	...	...
88	2020-06-16	a047	上瀬 由和	男	ボトムス	ロングパンツ	7000	6	42000
74	2020-05-24	a047	上瀬 由和	男	ボトムス	ハーフパンツ	3000	6	18000
16	2020-01-25	a036	NaN	男	トップス	シャツ	4000	5	20000
17	2020-01-26	a003	NaN	女	トップス	シャツ	4000	6	24000
18	2020-01-26	a013	NaN	男	ボトムス	ロングパンツ	7000	5	35000

224 rows × 9 columns

出力結果

引数 na_position に first を渡すことで、欠損値をデータフレームの先頭に表示させることができます。

```
df.sort_values(by='氏名',ascending=False,na_position='first')
```

	売上日	社員ID	氏名	性別	商品分類	商品名	単価	数量	売上金額
16	2020-01-25	a036	NaN	男	トップス	シャツ	4000	5	20000
17	2020-01-26	a003	NaN	女	トップス	シャツ	4000	6	24000
18	2020-01-26	a013	NaN	男	ボトムス	ロングパンツ	7000	5	35000
223	2020-12-31	a036	西尾 謙	男	ボトムス	ロングパンツ	7000	10	70000
188	2020-11-09	a036	西尾 謙	男	ボトムス	ジーンズ	6000	8	48000
...	...	...	...	...	...	...	...	...	...
79	2020-06-03	a047	上瀬 由和	男	アウター	ジャケット	10000	6	60000

224 rows × 9 columns

出力結果

●行方向の並び替え

列だけではなく、行の中で並び替えをすることも可能です。

ただし、数値と文字が混在している場合は並び替えができないため、新しいデータフレームを作成します。

```
df_ax= pd.DataFrame({'col01':[1, 2, 3], 'col02':[4, 5, 6]
                    ,'col03':[7, 8, 9]}
                    ,index=['idx01', 'idx02', 'idx03'])
df_ax
```

	col01	col02	col03
idx01	1	4	7
idx02	2	5	8
idx03	3	6	9

出力結果

idx01 の行の中を降順で並び替えてみましょう。

行の中で並び替えをするには、引数 axis に 1 を渡します。

```
df_ax.sort_values(by='idx01',ascending=False,axis=1)
```

	col01	col02	col03
idx01	7	4	1
idx02	8	5	2
idx03	9	6	3

出力結果

●元のデータフレームを変更

```
df_ax
```

ここで再び df_ax のデータフレームを表示させてみると、今までに操作をした並び替えが反映されていないことがわかります。

	col01	col02	col03
idx01	1	4	7
idx02	2	5	8
idx03	3	6	9

出力結果

元のデータフレームを変更するには、引数 inplace に True を渡します。

降順に並び変わっていますね。

```
df_ax.sort_values(by='col01',ascending=False,inplace=True)
df_ax
```

	col01	col02	col03
idx03	3	6	9
idx02	2	5	8
idx01	1	4	7

出力結果

また、引数 inplace を使わずに、明示的にもう一度同じ変数に代入する方法もあります。

```
df_ax = df_ax.sort_values(by='col01',ascending=True)
```

●インデックスの並び替え

sort_index メソッドを使って、インデックス名を並び替えることができます。

引数 ascending のデフォルトは、True です。

従って、引数を指定しなくてもインデックス名は昇順で表示されます。

```
df_ax.sort_index(ascending=False)
```

	col01	col02	col03
idx03	3	6	9
idx02	2	5	8
idx01	1	4	7

出力結果

sort_index メソッドには、inplace や na_position などの引数もあります。

このデータフレームには、欠損値はないですが実行してみましょう。

inplace を使っているので元のデータフレームが変わります。

もともと昇順だったインデックスが降順に変わっていることがわかりますね。

```
df_ax.sort_index(ascending=False,inplace=True,na_position='first')
df_ax
```

	col01	col02	col03
idx03	3	6	9
idx02	2	5	8
idx01	1	4	7

出力結果

●カラムの並び替え

カラムも降順に並び替えてみましょう。

sort_index メソッドの引数 axis に 1 を渡します。

引数 ascending は False を指定することで降順になります。

```
df_ax.sort_index(axis=1,ascending=False)
```

	col01	col02	col03
idx03	9	6	3
idx02	8	5	2
idx01	7	4	1

出力結果

●シリーズの並び替え

データフレームから列を取り出すとシリーズになります。

まず、col01 の列を抜き出して変数 s に代入をします。

```
s = df_ax['col01']
s
```

```
idx03    3
idx02    2
idx01    1
Name: col01, dtype: int64
```

出力結果

データ型を確認すると、シリーズになっていることがわかりますね。

```
type(s)
```

```
pandas.core.series.Series
```

出力結果

シリーズでも、sort_values や sort_index メソッドを使うことができます。

sort_values メソッドで、昇順に並び替えをします。

```
s.sort_values(ascending=True)
```

```
idx01    1
idx02    2
idx03    3
Name: col01, dtype: int64
```

出力結果

```
s.sort_index(ascending=True)
```

sort_index メソッドを使って昇順にします。

```
idx01    1
idx02    2
idx03    3
Name: col01, dtype: int64
```

出力結果

07 データ集計(groupby)

「ここでは、データ集計の方法を学びます。」

「Excelで使う、SUMやAVERAGEといったものでしょうか。」

「そうです。 Excelでいうと、SUM関数、SUMIFS関数、COUNTIFS関数、SQLでいうとGROUP BYといった方法です。」

「なるほど。Excelで使っていたことがそのまま使えるのはとても助かります。 他にできることってあったりしますか??」

「ありますよ。Pythonでは集計方法を自作の関数にカスタマイズすることもできます。」

「自分で作れてしまうんですか! それはすごい。 便利そうですね。」

「是非使ってみてください。簡単に集計ができますよ。」

●使用データ

ここでは、sample.xlsx ファイルの「実績管理表 _ 売上欠損」というシートを使用します。
売上金額のカラムの 2 行目~ 10 行目がデータの無い欠損値になっています。

```
sample_xl_path = './Data/MyPandas/sample.xlsx'
```

```
import pandas as pd
```

read_excel メソッドを使って、Excel データを読み込みます。

引数 sheet_name にシート名を渡します。

```
df = pd.read_excel(sample_xl_path,sheet_name='実績管理表_空白')
df.sort_values(by='氏名',ascending=False)
```

	売上日	社員ID	氏名	性別	商品分類	商品名	単価	数量	売上金額
0	2020-01-04	a023	河野 利香	女	ボトムス	ロングパンツ	7000	8	NaN
1	2020-01-05	a003	石崎 和香菜	女	ボトムス	ジーンズ	6000	10	NaN
2	2020-01-05	a052	井上 真	女	アウター	ジャケット	10000	7	NaN
3	2020-01-06	a003	石崎 和香菜	女	ボトムス	ロングパンツ	7000	10	NaN
4	2020-01-07	a036	西尾 謙	男	ボトムス	ロングパンツ	7000	2	NaN
...	...	...	...	...	...	...	...	...	...

224 rows × 9 columns

出力結果

●氏名ごとの平均を算出

groupby メソッドを使って、合計や平均などのいろいろな集計ができます。

氏名ごとに平均を集計します。

ただ、数値型のカラムがすべて平均になってしまいます。

```
df.groupby('氏名').mean()
```

	単価	数量	売上金額
氏名			
上瀬 由和	7555.555556	6.333333	47000.000000
井上 真	7458.333333	4.916667	37652.173913
宮瀬 尚紀	7025.641026	6.076923	43444.444444
河野 利香	8243.902439	5.073171	43600.000000
石崎 和香菜	8016.949153	5.322034	41035.087719
西尾 謙	8117.647059	5.205882	43181.818182

出力結果

氏名ごとに売上金額のみの平均を算出します。

二重角括弧で氏名と売上金額だけを抽出し、groupby メソッドで氏名を指定します。

```
df[['氏名','売上金額']].groupby('氏名').mean()
```

氏名	売上金額
上瀬 由和	47000.000000
井上 真	37652.173913
宮瀬 尚紀	43444.444444
河野 利香	43600.000000
石崎 和香菜	41035.087719
西尾 謙	43181.818182

出力結果

●小数点以下省略

ここで、小数点以下を表示させない設定をしましょう。

```
pd.options.display.float_format = '{:.0f}'.format
```

先程の記述を再度実行すると、小数点以下が省略されたことがわかります。

```
df[['氏名','売上金額']].groupby('氏名').mean()
```

氏名	売上金額
上瀬 由和	47000
井上 真	37652
宮瀬 尚紀	43444
河野 利香	43600
石崎 和香菜	41035
西尾 謙	43182

出力結果

●合計を算出

合計の算出には、sumメソッドを使います。

```
df[['氏名','売上金額']].groupby('氏名').sum()
```

氏名	売上金額
上瀬 由和	1222000
井上 真	866000
宮瀬 尚紀	1564000
河野 利香	1744000
石崎 和香菜	2339000
西尾 謙	1425000

出力結果

●データ数を数える

count メソッドでデータ数を数えます。

ただし、count メソッドでは欠損値を数えてくれません。

```
df[['氏名','売上金額']].groupby('氏名').count()
```

氏名	売上金額
上瀬 由和	26
井上 真	23
宮瀬 尚紀	36
河野 利香	40
石崎 和香菜	57
西尾 謙	33

出力結果

欠損値も数えたい場合は、size メソッドを使います。

シリーズで出力されますが、こうすれば欠損値も数えることができます。

```
df[['氏名','売上金額']].groupby('氏名').size()
```

Part 1 Python 編
Part 2 Pandas 編
Part 3 仕事自動化法

```
氏名
上瀬 由和      27
井上 真       24
宮瀬 尚紀      39
河野 利香      41
石崎 和香菜     59
西尾 謙       34
dtype: int64
```

出力結果

●n番目のデータ取得

nth メソッドを使うと、n 番目のデータを取得することができます。

```
df[['氏名','売上金額']].groupby('氏名').nth(5)
```

氏名	売上金額
上瀬 由和	21000
井上 真	48000
宮瀬 尚紀	56000
河野 利香	80000
石崎 和香菜	24000
西尾 謙	4000

出力結果

●最大値、最小値算出

最大値を算出したい場合は、max メソッドを使います。

最小値の場合は min メソッドです。

他にも、中央値、標準偏差や分散を求めることができます。

```
df[['氏名','売上金額']].groupby('氏名').max()
```

	売上金額
氏名	
上瀬 由和	144000
井上 真	144000
宮瀬 尚紀	162000
河野 利香	162000
石崎 和香菜	180000
西尾 謙	180000

出力結果

●複数要素でグルーピング

氏名の中でも商品分類ごとに集計してみましょう。

groupby メソッドに商品分類のカラムを追加します。

先ほどと同様に、mean で平均を算出します。

```
df[['氏名','商品分類','売上金額']].groupby(['氏名','商品分類']).
mean()
```

		売上金額
氏名	商品分類	
上瀬 由和	アウター	102000
	トップス	42286
	ボトムス	29714
井上 真	アウター	70000
	トップス	25000
	ボトムス	22000

出力結果

ここまでのデータ集計方法では、グループ化するカラムがインデックスになります。

複数要素でグルーピングした場合はマルチインデックスになりました。

それを回避したい場合は、groupby メソッドの引数 as_index に False を渡します。

```
df[['氏名','商品分類','売上金額']].groupby(['氏名','商品分類'],as_
index=False).mean()
```

	氏名	商品分類	売上金額
0	上瀬　由和	アウター	102000
1	上瀬　由和	トップス	42286
2	上瀬　由和	ボトムス	29714
3	井上　真	アウター	70000
4	井上　真	トップス	25000
5	井上　真	ボトムス	22000

出力結果

●agg メソッドを使って集計

agg メソッドは、平均や合計を同時に算出できる点が便利です。

算出したい計算方法を agg メソッドの引数にリストで渡します。

```
df[['氏名','売上金額']].groupby(['氏名']).agg(['mean','sum'])
```

	売上金額	
	mean	sum
氏名		
上瀬　由和	47000	1222000
井上　真	37652	866000
宮瀬　尚紀	43444	1564000
河野　利香	43600	1744000
石崎　和香菜	41035	2339000
西尾　謙	43182	1425000

出力結果

【agg メソッドで使える計算方法例】

平均	mean
合計	sum
個数	count
最大値	max
最小値	min
標準偏差	std
分散	var
統計量	describe

●桁区切り表示

applymap メソッドと format メソッドを使って、3 桁区切りを入れることができます。

この書き方は覚えてしまいましょう。

```
df_group = df[['氏名','売上金額']].groupby(['氏名']).
agg(['mean','sum'])
df_group.applymap('{:,.0f}'.format)
```

	売上金額	
	mean	sum
氏名		
上瀬 由和	47,000	1,222,000
井上 真	37,652	866,000
宮瀬 尚紀	43,444	1,564,000
河野 利香	43,600	1,744,000
石崎 和香菜	41,035	2,339,000
西尾 謙	43,182	1,425,000

出力結果

●自作の関数を適用

agg メソッドの計算では、自分で定義した関数を使うこともできます。

ここでは消費税 10%込みの金額を算出します。

関数名を cal_tax とします。

```
import numpy as np

def cal_tax(s):
    return np.sum(s)*1.10
```

定義した cal_tax の関数を使います。

agg メソッドの引数に、辞書型で記述します。

```
df[['氏名','売上金額']].groupby('氏名').agg({'売上金額': cal_tax})
```

氏名	売上金額
上瀬 由和	1344200
井上 真	952600
宮瀬 尚紀	1720400
河野 利香	1918400
石崎 和香菜	2572900
西尾 謙	1567500

出力結果

COLUMN

プログラミングは英語だから難しい?

プログラミングは英単語が並んでいて難しい印象を持たれているかもしれません。プログラミングでは、あらかじめ役割が決まっている単語があります。これを予約語といいます。 Python の予約語には、これだけのものがありますが、読めるものも多いのではないでしょうか？ 'False', 'None', 'True', 'and', 'as', 'assert', 'async', 'await', 'break', 'class', 'continue', 'def', 'del', 'elif', 'else', 'except', 'finally', 'for', 'from', 'global', 'if', 'import', 'in', 'is', 'lambda', 'nonlocal', 'not', 'or', 'pass', 'raise', 'return', 'try', 'while', 'with', 'yield' この予約語以外は、自由に名前をつけたり、使ったりすることができます。 なので、プログラミングに使われる英単語自体は難しいものではありません。 また、書き方には決まりがあり、「構文」といったりもします。 ただプログラミングの構文は、高校で習った英語の構文よりは多くありませんし、受験勉強ではないので忘れても調べられるので問題ありません。何度も書いていれば自然に覚えますし、再度、引き出ししやすいようにノートにまとめておくのも良いでしょう。

08 データ集計（pivot_table）

キノ先生

「Excelでピボットテーブルというものがあることは知っていますか？」

生徒

「なんとなく… その、ピボットテーブルもPandasで使えるということですか？」

「はい。使えます。 ではピボットテーブルについて詳しく説明しますね。」

●ピボットテーブルとは

ピボットテーブルとは、2つのカテゴリのデータを同時に集計した、クロス集計表です。
groupbyメソッドでは、氏名の列でグループ化をして合計や平均の集計ができます。
つまり、縦方向にデータを集計していました。
ピボットテーブルは、縦方向に加えて、横方向にも項目を追加して集計することができます。
つまり、2つのカテゴリのデータを一度に見ることができ、それぞれのデータの違いが明確になります。
ピボットテーブルは、シンプルかつ非常にわかりやすいデータ分析手法です。

「すごい機能ですね。カテゴリデータを縦からも横からも設定して集計できるだなんて！」

「具体的なデータを使いながら1つずつ見ていきましょうか」

「そうですね。なんか混乱してきたので具体的に整理したいです…」

●使用データ

ここでは、sample.xlsxファイルを使用します。

```
sample_xl_path = './Data/MyPandas/sample.xlsx'
```

架空のアパレル会社の販売データが格納されています。

```
import pandas as pd
```

```
df = pd.read_excel(sample_xl_path,sheet_name=' 実績管理表 ')
df
```

read_excel メソッドを使って Excel ファイルを読み込みます。

引数 sheet_name には、「実績管理表」を指定します。

	売上日	社員ID	氏名	性別	商品分類	商品名	単価	数量	売上金額
0	2020-01-04	a023	河野 利香	女	ボトムス	ロングパンツ	7000	8	56000
1	2020-01-05	a003	石崎 和香菜	女	ボトムス	ジーンズ	6000	10	60000
2	2020-01-05	a052	井上 真	女	アウター	ジャケット	10000	7	70000
3	2020-01-06	a003	石崎 和香菜	女	ボトムス	ロングパンツ	7000	10	70000
4	2020-01-07	a036	西尾 謙	男	ボトムス	ロングパンツ	7000	2	14000
...	...	...	...	...	...	...	...	...	...

224 rows × 9 columns

出力結果

●合計算出

氏名と商品分類で売上金額の合計を算出します。

引数 index に氏名、columns に商品分類、values に集計するデータの売上金額を指定します。

引数 aggfunc では、集計方法を指定します。

ここでは合計を算出したいので sum です。

実行すると、ピボットテーブルができあがります。

```
df_pivot = df.pivot_table(index=' 氏名 ',columns=' 商品分類 ',values='
売上金額 ',aggfunc='sum')
df_pivot
```

商品分類 氏名	アウター	トップス	ボトムス
上瀬 由和	636000	296000	416000
井上 真	560000	200000	176000
宮瀬 尚紀	464000	340000	883000
河野 利香	918000	424000	458000
石崎 和香菜	1022000	564000	883000
西尾 謙	786000	292000	361000

出力結果

●平均算出

平均を算出するには、引数 aggfunc に mean を指定します。

ちなみに、aggfunc のデフォルトは mean です。

つまり、aggfunc を記述しなければ自動的に平均が算出されます。

```
df_pivot = df.pivot_table(index='氏名',columns='商品分類',values='
売上金額',aggfunc='mean')
df_pivot
```

商品分類 氏名	アウター	トップス	ボトムス
上瀬 由和	106000.000000	42285.714286	29714.285714
井上 真	70000.000000	25000.000000	22000.000000
宮瀬 尚紀	77333.333333	42500.000000	35320.000000
河野 利香	76500.000000	35333.333333	26941.176471
石崎 和香菜	63875.000000	37600.000000	31535.714286
西尾 謙	78600.000000	26545.454545	27769.230769

出力結果

●小数点以下を省略

applymap メソッドと format メソッドを使って小数点以下を省略し、3 桁区切りで表示する設定にします。

```
df_pivot = df.pivot_table(index='氏名', columns='商品分類',values='
売上金額')
df_pivot.applymap('{:,.0f}'.format)
```

商品分類 氏名	アウター	トップス	ボトムス
上瀬 由和	106,000	42,286	29,714
井上 真	70,000	25,000	22,000
宮瀬 尚紀	77,333	42,500	35,320
河野 利香	76,500	35,333	26,941
石崎 和香菜	63,875	37,600	31,536
西尾 謙	78,600	26,545	27,769

出力結果

●複数データの集計

複数データの平均を同時に算出することもできます。

引数 values に、集計したいデータをリストで渡します。

```
df_pivot = df.pivot_table(index='氏名', columns='商品分類',
    values=['単価','数量','売上金額'], aggfunc='mean')
df_pivot.applymap('{:,.0f}'.format)
```

	単価			売上金額			数量		
商品分類	アウター	トップス	ボトムス	アウター	トップス	ボトムス	アウター	トップス	ボトムス
氏名									
上瀬 由和	14,000	6,286	5,429	106,000	42,286	29,714	8	7	6
井上 真	13,000	4,500	4,875	70,000	25,000	22,000	6	5	4
宮瀬 尚紀	12,667	6,500	5,840	77,333	42,500	35,320	6	6	6
河野 利香	14,000	6,333	5,529	76,500	35,333	26,941	5	5	5
石崎 和香菜	13,500	6,667	5,607	63,875	37,600	31,536	5	5	5
西尾 謙	14,800	5,455	5,231	78,600	26,545	27,769	5	5	5

出力結果

インデックスやカラムに複数のカテゴリを設定することもできます。

インデックスに氏名と売上日を設定してみましょう。

```
df_pivot = df.pivot_table(index=['氏名','売上日'],
    columns='商品分類',values='売上金額', aggfunc='sum')
df_pivot.applymap('{:,.0f}'.format)
```

	商品分類	アウター	トップス	ボトムス
氏名	売上日			
上瀬 由和	2020-01-10	126,000	nan	nan
	2020-01-11	nan	nan	7,000
	2020-01-22	nan	4,000	nan
	2020-02-03	144,000	nan	nan
	2020-02-07	nan	nan	27,000
...	...	...	...	...
西尾 謙	2020-11-10	10,000	nan	nan
	2020-11-11	70,000	nan	nan
	2020-12-22	nan	24,000	nan
	2020-12-28	54,000	nan	nan
	2020-12-31	nan	nan	70,000

212 rows × 3 columns

出力結果

また、集計方法を合計 sum にします。

●欠損値Nan置き換え

表示されたデータフレームの中の「nan」の部分を0で埋めることができます。

引数fill_valueに0を渡します。

```
df_pivot = df.pivot_table(index=['氏名','売上日'],
    columns='商品分類', values='売上金額', aggfunc='sum',fill_
value=0)
df_pivot.applymap('{:,.0f}'.format)
```

	商品分類	アウター	トップス	ボトムス
氏名	売上日			
上瀬　由和	2020-01-10	126,000	0	0
	2020-01-11	0	0	7,000
	2020-01-22	0	4,000	0
	2020-02-03	144,000	0	0
	2020-02-07	0	0	27,000
...	...	...	...	...
西尾　謙	2020-11-10	10,000	0	0
	2020-11-11	70,000	0	0
	2020-12-22	0	24,000	0
	2020-12-28	54,000	0	0
	2020-12-31	0	0	70,000

212 rows × 3 columns

出力結果

●合計の列追加

通常のピボットテーブルに、合計を算出した列を追加します。

商品分類	アウター	トップス	ボトムス
氏名			
上瀬　由和	636,000	296,000	416,000
井上　真	560,000	200,000	176,000
宮瀬　尚紀	464,000	340,000	883,000
河野　利香	918,000	424,000	458,000
石崎　和香菜	1,022,000	564,000	883,000
西尾　謙	786,000	292,000	361,000

通常のピボットテーブル

引数marginsにTrueを渡すことで、合計の列を追加できます。

Allという集計行と列が追加されます。

```
df_pivot = df.pivot_table(index='氏名',columns='商品分類',
    values='売上金額',aggfunc='sum',margins=True)
df_pivot.applymap('{:,.0f}'.format)
```

商品分類 氏名	アウター	トップス	ボトムス	All
上瀬 由和	636,000	296,000	416,000	1,348,000
井上 真	560,000	200,000	176,000	936,000
宮瀬 尚紀	464,000	340,000	883,000	1,687,000
河野 利香	918,000	424,000	458,000	1,800,000
石崎 和香菜	1,022,000	564,000	883,000	2,469,000
西尾 謙	786,000	292,000	361,000	1,439,000
All	4,386,000	2,116,000	3,177,000	9,679,000

出力結果

All という名前を変更することもできます。

引数 margins_name に名前にしたい文字列を記述しましょう。

```
df_pivot = df.pivot_table(index='氏名',columns='商品分類',
    values='売上金額',aggfunc='sum',margins=True,
    margins_name='合計')
df_pivot.applymap('{:,.0f}'.format)
```

商品分類 氏名	アウター	トップス	ボトムス	合計
上瀬 由和	636,000	296,000	416,000	1,348,000
井上 真	560,000	200,000	176,000	936,000
宮瀬 尚紀	464,000	340,000	883,000	1,687,000
河野 利香	918,000	424,000	458,000	1,800,000
石崎 和香菜	1,022,000	564,000	883,000	2,469,000
西尾 謙	786,000	292,000	361,000	1,439,000
合計	4,386,000	2,116,000	3,177,000	9,679,000

出力結果

●複数の集計方法を同時に実行

引数 aggfunc に、リストで集計方法を渡すことで複数の集計方法を同時に実行できます。

合計、平均、個数のカウントの 3 つを表示させてみましょう。

```
df_pivot = df.pivot_table(index='氏名',columns='商品分類',
    values='売上金額',aggfunc=['sum','mean','count'])
df_pivot.applymap('{:,.0f}'.format)
```

	sum			mean			count		
商品分類	アウター	トップス	ボトムス	アウター	トップス	ボトムス	アウター	トップス	ボトムス
氏名									
上瀬 由和	636,000	296,000	416,000	106,000	42,286	29,714	6	7	14
井上 真	560,000	200,000	176,000	70,000	25,000	22,000	8	8	8
宮瀬 尚紀	464,000	340,000	883,000	77,333	42,500	35,320	6	8	25
河野 利香	918,000	424,000	458,000	76,500	35,333	26,941	12	12	17
石崎 和香菜	1,022,000	564,000	883,000	63,875	37,600	31,536	16	15	28
西尾 謙	786,000	292,000	361,000	78,600	26,545	27,769	10	11	13

出力結果

●独自の集計方法

集計方法は、自分で定義した関数を使うこともできます。

ここでは、消費税込みの合計金額を算出してみましょう。

関数名をcal_taxとします。

```
import numpy as np
```

```
def cal_tax(s):
    return np.sum(s)*1.10
```

独自関数の使い方は、引数aggfuncに定義した関数名を記述するだけです。

```
df_pivot = df.pivot_table(index='氏名',columns='商品分類',
    values='売上金額',aggfunc=cal_tax)
df_pivot.applymap('{:,.0f}'.format)
```

商品分類	アウター	トップス	ボトムス
氏名			
上瀬 由和	699,600	325,600	457,600
井上 真	616,000	220,000	193,600
宮瀬 尚紀	510,400	374,000	971,300
河野 利香	1,009,800	466,400	503,800
石崎 和香菜	1,124,200	620,400	971,300
西尾 謙	864,600	321,200	397,100
All	4,386,000	2,116,000	3,177,000

出力結果

結合（merge）

「ここでは、データフレームの結合について学びます。」

「結合とは、どういうことですか？」

「2つのデータフレームをくっつけて、一つにすることですよ。」

「くっつけてしまうこともできるんですね！　似たようなカテゴリのデータを複数で管理してしまっていた時とかに便利ですね。」

「そうですね。活用シーンは意外といろいろあるかもしれませんね。」

「簡単に2つのデータフレームを結合すると言いますが、例えばカテゴリが完全に一致していない場合はどうなってしまうんですか？」

「その辺も解説していますので、一緒に見ていきましょう。 今回は、mergeメソッドを使って結合する方法です。これは、横に結合するという特徴があります。」

「横にということは、縦にもあるということですね？？」

「鋭いですね。縦に結合する方法については次のセクションで解説します。」

「はい。分かりました。 横に結合するmargeメソッドの使い方について教えて下さい。」

●データフレームの作成

```
import pandas as pd
```

2 つのデータフレームを結合するので、まずデータフレームを 2 種類作成します。

1 つ目のデータフレームを df01 とします。

a001 という学級の生徒が受けた数学のテスト結果のデータフレームを作成します。

点数は、わかりやすさのために 1、2、3、4 とします。

```
df01 = pd.DataFrame( {'氏名':['高橋', '伊藤', '鈴木', '佐藤'],
                      'クラス':['a001', 'a001', 'a001', 'a001'],
                      '数学':[1, 2, 3, 4]})
df01
```

	氏名	クラス	数学
0	高橋	a001	1
1	伊藤	a001	2
2	鈴木	a001	3
3	佐藤	a001	4

出力結果

2 つ目のデータフレームは df02 とします。

同じ学級の生徒が国語のテストを受けた結果のデータフレームを作成します。

テストの点数は、それぞれ 5、6、7、8 とします。

```
df02 = pd.DataFrame( {'氏名':['高橋', '伊藤', '鈴木', '佐藤'],
                      'クラス':['a001', 'a001', 'a001', 'a001'],
                      '国語':[5, 6, 7, 8]})
df02
```

	氏名	クラス	国語
0	高橋	a001	5
1	伊藤	a001	6
2	鈴木	a001	7
3	佐藤	a001	8

出力結果

●同じ名前のカラムをキーに結合

氏名を共通キーに、df01とdf02のテーブルを結合させます。

しかし、「クラス」はどちらのデータフレームにも共通するカラムなので、「x」と「y」で区別されます。

```
pd.merge(df01 , df02, on='氏名')
```

	氏名	クラス_x	数学	クラス_y	国語
0	高橋	a001	1	a001	5
1	伊藤	a001	2	a001	6
2	鈴木	a001	3	a001	7
3	佐藤	a001	4	a001	8

出力結果

「x」や「y」という名前ではなく、任意の名前に変更することもできます。

引数suffixesに、リストでそれぞれの名前を渡します。

左のデータフレームのカラムに「left」、右のデータフレームには「right」という名前をつけます。

```
pd.merge(df01 ,df02, on='氏名', suffixes=['_left', '_right'])
```

	氏名	クラス_left	数学	クラス_right	国語
0	高橋	a001	1	a001	5
1	伊藤	a001	2	a001	6
2	鈴木	a001	3	a001	7
3	佐藤	a001	4	a001	8

出力結果

●異なるカラム名をキーに結合

df02のデータフレームのカラム「氏名」を「名前」に変更したデータフレームを作成します。

```
df02_name = pd.DataFrame( {'名前':['高橋', '伊藤', '鈴木', '佐藤'],
                           'クラス':['a001', 'a001', 'a001',
                           'a001'],
                           '国語':[5, 6, 7, 8]})
df02_name
```

	名前	クラス	国語
0	高橋	a001	5
1	伊藤	a001	6
2	鈴木	a001	7
3	佐藤	a001	8

出力結果

カラム名が異なる列をキーに結合する場合、左のデータフレームのカラムを引数 left_on、右を right_on に渡します。

```
pd.merge(df01 ,df02_name, left_on='氏名',right_on='名前')
```

	氏名	クラス_x	数学	名前	クラス_y	国語
0	高橋	a001	1	高橋	a001	5
1	伊藤	a001	2	伊藤	a001	6
2	鈴木	a001	3	鈴木	a001	7
3	佐藤	a001	4	佐藤	a001	8

出力結果

●複数のキーで結合

2つのカラムがセットになったキーで結合する場合を考えてみます。

異なる学級に同じ名前の高橋さんがいると仮定し、データフレームを作成します。

```
df03 = pd.DataFrame( {'名前':['高橋', '高橋'],
                      'クラス':['a001','a002'],
                      '英語':[15, 16]})
df03
```

	名前	クラス	英語
0	高橋	a001	15
1	高橋	a002	16

出力結果

2つのカラムで結合するには、それぞれのカラムをリストで渡します。

```
pd.merge(df01 ,df03, left_on=['氏名','クラス'],right_on=['名前','クラス'])
```

	氏名	クラス	数学	名前	英語
0	高橋	a001	1	高橋	15

出力結果

●結合方法の種類

結合方法には inner、left、right、outer の 4 つがあります。

inner

inner は 2 つのデータフレームの共通しているキーのみ結合する方法です。

df01 と df04 のデータフレームを例にしてみましょう。

```
df01 = pd.DataFrame( {'氏名':['高橋', '伊藤', '鈴木', '佐藤'],
                      'クラス':['a001', 'a001', 'a001', 'a001'],
                      '国語':[1,2,3,4]})
df01
```

	氏名	クラス	数学
0	高橋	a001	1
1	伊藤	a001	2
2	鈴木	a001	3
3	佐藤	a001	4

df01 のデータフレーム

```
df04 = pd.DataFrame( {'氏名':['高橋', '伊藤', '渡辺', '加藤'],
                      'クラス':['a001', 'a001', 'a001', 'a001'],
                      '国語':[5, 6, 7, 8]})
df04
```

	氏名	クラス	国語
0	高橋	a001	5
1	伊藤	a001	6
2	渡辺	a001	7
3	加藤	a001	8

df04 のデータフレーム

df01 と df04 のデータフレームは、「高橋」、「伊藤」が共通しています。

従って、inner を指定して結合すると、「高橋」と「伊藤」の行のみ結合した結果が返ってきます。

引数 on には結合させるキーを指定し、引数 how には結合方法を指定します。

引数 how に何も指定しない場合も、デフォルトの結合方法は inner です。

```
pd.merge(df01 ,df04, on='氏名', how='inner')
```

	氏名	クラス_x	国語_x	クラス_y	国語_y
0	高橋	a001	1	a001	5
1	伊藤	a001	2	a001	6

出力結果

left

left による結合は、引数に指定した左側のデータフレームがベースとなり、結合した時に左側のデータフレームは全て残ります。

右側のデータフレームは、左側のデータフレームと共通している部分だけ残り、共通しない部分は NaN になります。

```
pd.merge(df01 ,df04, on='氏名', how='left')
```

	氏名	クラス_x	国語_x	クラス_y	国語_y
0	高橋	a001	1	a001	5.0
1	伊藤	a001	2	a001	6.0
2	鈴木	a001	3	NaN	NaN
3	佐藤	a001	4	NaN	NaN

出力結果

right

left と同様に、right の場合は右側のデータフレームが全て残り、共通しない部分は NaN になります。

```
pd.merge(df01 ,df04, on='氏名', how='right')
```

	氏名	クラス_x	国語_x	クラス_y	国語_y
0	高橋	a001	1.0	a001	5
1	伊藤	a001	2.0	a001	6
2	渡辺	NaN	NaN	a001	7
3	加藤	NaN	NaN	a001	8

出力結果

outer

outer は共通するデータで結合をし、左右のデータフレームを全て残す方法です。

片方にしか存在しないデータについては NaN になります。

```
pd.merge(df01 ,df04, on=' 氏名 ', how='outer')
```

	氏名	クラス_x	国語_x	クラス_y	国語_y
0	高橋	a001	1.0	a001	5.0
1	伊藤	a001	2.0	a001	6.0
2	鈴木	a001	3.0	NaN	NaN
3	佐藤	a001	4.0	NaN	NaN
4	渡辺	NaN	NaN	a001	7.0
5	加藤	NaN	NaN	a001	8.0

出力結果

また、引数 indicator を記述することで、左右どちらのデータフレームのものなのか、わかりやすいように表示できます。

両方のテーブルにあるものは both、左のデータフレームのみが left_only、右のデータフレームのみが right_only と表示されます。

```
pd.merge(df01 ,df04, on=' 氏名 ',how='outer', indicator=True)
```

	氏名	クラス_x	国語_x	クラス_y	国語_y	_merge
0	高橋	a001	1.0	a001	5.0	both
1	伊藤	a001	2.0	a001	6.0	both
2	鈴木	a001	3.0	NaN	NaN	left_only
3	佐藤	a001	4.0	NaN	NaN	left_only
4	渡辺	NaN	NaN	a001	7.0	right_only
5	加藤	NaN	NaN	a001	8.0	right_only

出力結果

●インデックスをキーに結合

データフレームのインデックスを結合キーに使いたい場合はどのようにすれば良いでしょうか。

まず、インデックスが名前のデータフレームを作成します。

```
df05 = pd.DataFrame( {'クラス':['df01', 'df01', 'df01', 'df01'],
                      '数学': [1, 2, 3, 4],
                      '国語':[5, 6, 7, 8]},
                      index=['高橋', '伊藤', '鈴木', '佐藤'])
df05
```

	クラス	数学	国語
高橋	df01	1	5
伊藤	df01	2	6
鈴木	df01	3	7
佐藤	df01	4	8

出力結果

df05 と df02 のデータフレームと結合させてみましょう。

左のデータフレーム（df05）の結合キーをインデックスにするには、引数 left_index に True を渡します。

右のデータフレームにインデックスがある場合は、right_index に True を渡します。

```
pd.merge(df05 ,df02,left_index=True,right_on='氏名')
```

	クラス_x	数学	国語_x	氏名	クラス_y	国語_y
0	df01	1	5	高橋	a001	5
1	df01	2	6	伊藤	a001	6
2	df01	3	7	鈴木	a001	7
3	df01	4	8	佐藤	a001	8

出力結果

引数 sort に True を渡すことで、氏名を昇順に並び替えることもできます。

```
pd.merge(df05 ,df02,left_index=True,right_on='氏名', sort=True)
```

	クラス_x	数学	国語_x	氏名	クラス_y	国語_y
1	df01	2	6	伊藤	a001	6
3	df01	4	8	佐藤	a001	8
2	df01	3	7	鈴木	a001	7
0	df01	1	5	高橋	a001	5

出力結果

10 結合（concat）

「ここでは、concatメソッドを使った結合方法を学びます。」

「margeの時に予告してくれた縦にくっつける機能ですね？」

「はい。concatメソッドは縦方向であっても結合するという特徴があります。」

「margeのときはデータフレームは2つしか結合していませんでしたが、concatも2つしかできませんか？」

「それがconcatではできます。3つ以上のデータフレームを縦に結合できるんです。」

「では、いろんな部署から提出されるデータを月末1つにまとめることも可能ということですね？」

「そうです。設定で縦を横に変えて結合することもできます。」

「え！ 縦だけではないんですか！　margeより自由度が高いですね。」

「ですが、一概にconcatが便利とも言えません。」

「margeにはできて、concatにはできないこともあるんですか？」

「はい。あります。なのでmargeとconcatの違いについても整理しながら進めていきましょう。」

結合するカラムが一致していないときに警告が出てくることがあります。

警告が出ても処理には影響はありませんが読みづらくなってしまうので、警告を表示させない設定にしましょう。

```
import pandas as pd
import warnings
warnings.filterwarnings('ignore')
```

●データフレームの作成

結合するためのデータフレームを2つ作成します。

```
df01 = pd.DataFrame( {'氏名':['佐藤', '鈴木', '高橋', '田中'],
                      'クラス':['df01', 'df01', 'df01', 'df01'],
                      '数学': [1, 2, 3, 4],
                      '国語':[5, 6, 7, 8]})
df01
```

	氏名	クラス	数学	国語
0	佐藤	df01	1	5
1	鈴木	df01	2	6
2	高橋	df01	3	7
3	田中	df01	4	8

出力結果

```
df02 = pd.DataFrame( {'氏名':['伊藤', '渡辺', '山本'],
                      'クラス':['df02', 'df02', 'df02'],
                      '数学': [9, 10, 11],
                      '国語':[12, 13, 14]})
df02
```

	氏名	クラス	数学	国語
0	伊藤	df02	9	12
1	渡辺	df02	10	13
2	山本	df02	11	14

出力結果

●データフレームの結合

まず、concat メソッドを使って df01 と df02 のデータフレームを結合させます。

結合したいデータフレームはリストで記述します。

```
pd.concat([df01, df02])
```

	氏名	クラス	数学	国語
0	佐藤	df01	1	5
1	鈴木	df01	2	6
2	高橋	df01	3	7
3	田中	df01	4	8
0	伊藤	df02	9	12
1	渡辺	df02	10	13
2	山本	df02	11	14

出力結果

●インデックスの振り直し

結合後のデータフレームは、それぞれのデータフレームのインデックスがそのまま付いていました。

インデックス番号を再度振り直すには、引数 ingore_index の引数に True を渡します。

```
pd.concat([df01, df02], ignore_index=True)
```

	氏名	クラス	数学	国語
0	佐藤	df01	1	5
1	鈴木	df01	2	6
2	高橋	df01	3	7
3	田中	df01	4	8
4	伊藤	df02	9	12
5	渡辺	df02	10	13
6	山本	df02	11	14

出力結果

●3つのデータフレームを結合

concat メソッドでは、2 つ以上のデータフレームを結合することができます。

3 つ目のデータフレームを作成しておきましょう。

```
df03 = pd.DataFrame( {'氏名':['中村', '小林', '加藤'],
                      'クラス':['df03', 'df03', 'df03'],
                      '数学': [15, 16, 17],
                      '国語':[18, 19, 20]})
df03
```

	氏名	クラス	数学	国語
0	中村	df03	15	18
1	小林	df03	16	19
2	加藤	df03	17	20

出力結果

複数のデータフレームを結合するには、結合したいデータフレームをリストに記述します。

```
pd.concat([df01, df02, df03])
```

	氏名	クラス	数学	国語
0	佐藤	df01	1	5
1	鈴木	df01	2	6
2	高橋	df01	3	7
3	田中	df01	4	8
0	伊藤	df02	9	12
1	渡辺	df02	10	13
2	山本	df02	11	14
0	中村	df03	15	18
1	小林	df03	16	19
2	加藤	df03	17	20

出力結果

●インデックスにラベルを追加

「クラス」のカラムがなかったら、元のデータフレームが何だったかわかりませんね。

この場合は、引数 keys に任意の名前のリストを渡します。

そして、渡したリストの名前がマルチインデックスになります。

```
pd.concat([df01, df02, df03],keys=['1番目','2番目','3番目'])
```

		氏名	クラス	数学	国語
1番目	0	佐藤	df01	1	5
	1	鈴木	df01	2	6
	2	高橋	df01	3	7
	3	田中	df01	4	8
2番目	0	伊藤	df02	9	12
	1	渡辺	df02	10	13
	2	山本	df02	11	14
3番目	0	中村	df03	15	18
	1	小林	df03	16	19
	2	加藤	df03	17	20

出力結果

●カラムが共通しない場合の結合

さらにdf04というデータフレームを作成します。

```
df04 = pd.DataFrame( {'氏名':['吉田', '山田', '佐々木'],
                      'クラス':['df04', 'df04', 'df04'],
                      '数学': [21, 22, 23],
                      '社会':[24, 25, 26]})
df04
```

	氏名	クラス	数学	社会
0	吉田	df04	21	24
1	山田	df04	22	25
2	佐々木	df04	23	26

出力結果

df01のデータフレームと結合させてみます。

df01とはこのようなデータフレームでした。

	氏名	クラス	数学	国語
0	佐藤	df01	1	5
1	鈴木	df01	2	6
2	高橋	df01	3	7
3	田中	df01	4	8

df01

氏名、クラス、数学のカラムは共通していますが、国語と社会のカラムは共通していません。

このようなデータフレームをconcatで縦に結合するとどのような結果になるでしょうか。

```
pd.concat([df01, df04])
```

	氏名	クラス	数学	国語	社会
0	佐藤	df01	1	5.0	NaN
1	鈴木	df01	2	6.0	NaN
2	高橋	df01	3	7.0	NaN
3	田中	df01	4	8.0	NaN
0	吉田	df04	21	NaN	24.0
1	山田	df04	22	NaN	25.0
2	佐々木	df04	23	NaN	26.0

出力結果

共通していない国語と社会のカラムは、それぞれデータの欠損値NaNとなっています。

●outerで結合

concatメソッドでは、結合方法を指定することができます。

引数joinで指定します。

デフォルトではouterが指定されているので、これは同じ結果になります。

つまりouterとは､データフレーム同士で異なるカラムがあったとしても縦に結合をするという結合方法です。

```
pd.concat([df01, df04],join='outer')
```

	氏名	クラス	数学	国語	社会
0	佐藤	df01	1	5.0	NaN
1	鈴木	df01	2	6.0	NaN
2	高橋	df01	3	7.0	NaN
3	田中	df01	4	8.0	NaN
0	吉田	df04	21	NaN	24.0
1	山田	df04	22	NaN	25.0
2	佐々木	df04	23	NaN	26.0

出力結果

●innerで結合

一方でinnerを指定すると、一致するカラムのみ結合し、一致しないカラムについては除外をすることができます。

```
pd.concat([df01, df04],join='inner')
```

	氏名	クラス	数学
0	佐藤	df01	1
1	鈴木	df01	2
2	高橋	df01	3
3	田中	df01	4
0	吉田	df04	21
1	山田	df04	22
2	佐々木	df04	23

出力結果

●横方向の結合

引数 axis で、結合方向を指定することもできます。

axis に「1」または「columns」を渡すことで横方向に結合できます。

デフォルトではこれが 0(index)、つまり縦方向に結合する設定になっています。

```
pd.concat([df01, df04],axis=1)
```

	氏名	クラス	数学	国語	氏名	クラス	数学	社会
0	佐藤	df01	1	5	吉田	df04	21.0	24.0
1	鈴木	df01	2	6	山田	df04	22.0	25.0
2	高橋	df01	3	7	佐々木	df04	23.0	26.0
3	田中	df01	4	8	NaN	NaN	NaN	NaN

出力結果

●4つのデータフレームを横に結合

merge メソッドは 2 つのデータフレーム同士しか結合することができません。

しかし concat メソッドでは、このように複数のデータフレームを結合できます。

```
pd.concat([df01, df02, df03, df04],axis='columns')
```

	氏名	クラス	数学	国語	氏名	クラス	数学	国語	氏名	クラス	数学	国語	氏名	クラス	数学	社会
0	佐藤	df01	1	5	伊藤	df02	9.0	12.0	中村	df03	15.0	18.0	吉田	df04	21.0	24.0
1	鈴木	df01	2	6	渡辺	df02	10.0	13.0	小林	df03	16.0	19.0	山田	df04	22.0	25.0
2	高橋	df01	3	7	山本	df02	11.0	14.0	加藤	df03	17.0	20.0	佐々木	df04	23.0	26.0
3	田中	df01	4	8	NaN	NaN	NaN	NaN	NaN	NaN	NaN	NaN	NaN	NaN	NaN	NaN

出力結果

引数 join で inner を指定すると、インデックスが共通するもののみ結合できます。

```
pd.concat([df01, df02, df03, df04],axis='columns',join='inner')
```

	氏名	クラス	数学	国語	氏名	クラス	数学	国語	氏名	クラス	数学	国語	氏名	クラス	数学	社会
0	佐藤	df01	1	5	伊藤	df02	9	12	中村	df03	15	18	吉田	df04	21	24
1	鈴木	df01	2	6	渡辺	df02	10	13	小林	df03	16	19	山田	df04	22	25
2	高橋	df01	3	7	山本	df02	11	14	加藤	df03	17	20	佐々木	df04	23	26

出力結果

concat メソッドは merge メソッドとは異なり、縦方向であっても結合できます。

また、3 つ以上のデータフレームを結合することができます。

しかし、concat メソッドは、2 つ以上のカラムをキーに結合することができません。

また、left や right の結合方法もありません。

したがって、縦方向の結合や 1 つのカラムをキーに、3 つ以上のデータフレームを結合した場合は concat。

2 つ以上のカラムをキーに結合した場合や left や right で結合したい場合は、merge メソッドを使うと良いでしょう。

時系列データ

YouTubeはこちら

「ここでは、時系列データについて学びます。」

「時系列データとは、例えばどういうデータですか？」

「日時を軸に記録されたデータを集めたものです。」

「日時を軸とはどういうことでしょう…？」

「例えば、人口推移や気温・湿度といった気象データ、株価のデータなどがあります。どうですか？」

「なるほど。データ集計のときのアパレルのデータもそうですか？　売上日があったような…。」

「データには型があります。その型を設定しておかないとPandasが時系列として認識してくれないんです。」

「えー。そうなんですか！　時系列データはどんな型にすればいいのでしょうか？」

「インデックスを日時型にすると時系列データとしてPandasで扱えるようになります。」

●使用データ

架空のアパレル会社の販売データ（実績管理表）が格納されている、sample.csv、sample02.csv を使用します。

```
sample_csv_path = './Data/MyPandas/sample.csv'
sample02_csv_path = './Data/MyPandas/sample02.csv'
```

```
import pandas as pd
```

read_csv メソッドを使って、それぞれの CSV ファイルを読み込みます。

●データの読み込み

```
df = pd.read_csv(sample_csv_path)
df
```

	売上日	社員ID	商品分類	商品名	単価	数量	売上金額
0	2020-01-04	a023	ボトムス	ロングパンツ	7000	8	56000
1	2020-01-05	a003	ボトムス	ジーンズ	6000	10	60000
2	2020-01-05	a052	アウター	ジャケット	10000	7	70000
3	2020-01-06	a003	ボトムス	ロングパンツ	7000	10	70000
4	2020-01-07	a036	ボトムス	ロングパンツ	7000	2	14000
...	...	...	...	...	...	...	...

224 rows × 7 columns

出力結果

```
df02 = pd.read_csv(sample02_csv_path)
df02
```

	売上日	社員ID	商品分類	商品名	単価	数量	売上金額
0	2020年1月04日	a023	ボトムス	ロングパンツ	7000	8	56000
1	2020年1月05日	a003	ボトムス	ジーンズ	6000	10	60000
2	2020年1月05日	a052	アウター	ジャケット	10000	7	70000
3	2020年1月06日	a003	ボトムス	ロングパンツ	7000	10	70000
4	2020年1月07日	a036	ボトムス	ロングパンツ	7000	2	14000
...	...	...	...	...	...	...	...

224 rows × 7 columns

出力結果

sample.csv の売上日は、「-」で区切られています。

一方、sample02.csv の売上日は、「年月日」の表記です。

●データフレームの情報を確認

```
df.info()
```

インデックスは、自動で付与されたRangeIndexになっていることがわかります。

objectは文字列、int64は数値型を示します。

```
<class 'pandas.core.frame.DataFrame'>
RangeIndex: 224 entries, 0 to 223
Data columns (total 7 columns):
 #   Column  Non-Null Count  Dtype
---  ------  --------------  -----
 0   売上日     224 non-null    object
 1   社員ID    224 non-null    object
 2   商品分類    224 non-null    object
 3   商品名     224 non-null    object
 4   単価      224 non-null    int64
 5   数量      224 non-null    int64
 6   売上金額    224 non-null    int64
dtypes: int64(3), object(4)
memory usage: 12.4+ KB
```

出力結果

●時系列データへの変換

時系列データとして扱うには、データフレームのインデックスが日時のデータになっている必要があります。

売上日という日付のカラムをインデックスに変更しましょう。

to_datetimeメソッドを使って、売上日の列を日時型に変換します。

```
df['売上日'] = pd.to_datetime(df['売上日'])
df['売上日']
```

```
0      2020-01-04
1      2020-01-05
2      2020-01-05
3      2020-01-06
4      2020-01-07
          ...
219    2020-12-26
220    2020-12-28
221    2020-12-30
222    2020-12-30
223    2020-12-31
Name: 売上日 , Length: 224, dtype: datetime64[ns]
```

出力結果

データ型が日付型を示す datetime64[ns] です。

set_index 関数を使って、日付型に変換したカラムの売上日をインデックスにします。

```
df = df.set_index(' 売上日 ')
df
```

	社員ID	商品分類	商品名	単価	数量	売上金額
売上日						
2020-01-04	a023	ボトムス	ロングパンツ	7000	8	56000
2020-01-05	a003	ボトムス	ジーンズ	6000	10	60000
2020-01-05	a052	アウター	ジャケット	10000	7	70000
2020-01-06	a003	ボトムス	ロングパンツ	7000	10	70000
2020-01-07	a036	ボトムス	ロングパンツ	7000	2	14000
...	...	...	...	...	...	...

224 rows × 6 columns

出力結果

```
df.info()
```

```
<class 'pandas.core.frame.DataFrame'>
DatetimeIndex: 224 entries, 2020-01-04 to 2020-12-31
Data columns (total 6 columns):
 #   Column  Non-Null Count  Dtype
---  ------  --------------  -----
 0   社員ID    224 non-null    object
 1   商品分類    224 non-null    object
 2   商品名     224 non-null    object
 3   単価      224 non-null    int64
 4   数量      224 non-null    int64
 5   売上金額    224 non-null    int64
dtypes: int64(3), object(3)
memory usage: 12.2+ KB
```

出力結果

インデックスが DatetimeIndex に変わりました。

これで時系列データを扱う準備ができました。

続いて、df02 の売上日のカラムも日付型に変換します。

しかし、同様の方法ではエラーになります。

```
df02['売上日'] = pd.to_datetime(df02['売上日'])
```

この場合は、引数 format で日付の形式を記述することで、エラーにならず変換できます。

```
df02['売上日'] = pd.to_datetime(df02['売上日'], format='%Y年%m月%d日')
df02['売上日']
```

```
0      2020-01-04
1      2020-01-05
2      2020-01-05
3      2020-01-06
4      2020-01-07
          ...
219    2020-12-26
220    2020-12-28
221    2020-12-30
222    2020-12-30
223    2020-12-31
Name: 売上日, Length: 224, dtype: datetime64[ns]
```

出力結果

```
df02 = df02.set_index('売上日')
df02
```

	社員ID	商品分類	商品名	単価	数量	売上金額
売上日						
2020-01-04	a023	ボトムス	ロングパンツ	7000	8	56000
2020-01-05	a003	ボトムス	ジーンズ	6000	10	60000
2020-01-05	a052	アウター	ジャケット	10000	7	70000
2020-01-06	a003	ボトムス	ロングパンツ	7000	10	70000
2020-01-07	a036	ボトムス	ロングパンツ	7000	2	14000
...	...	...	...	...	...	...

224 rows × 6 columns

出力結果

ここまでの一連の操作は、CSVを読み込む時点でも設定が可能です。

引数parse_datesにTrueを渡し、index_colで列名を指定します。

これで時系列データを扱う準備ができました。

```
df = pd.read_csv(sample_csv_path)parse_dates=True, index_col='売上日')
```

●時系列データの抽出

インデックスを日時のデータに変換したデータフレーム df から、データの抽出をします。

2020 年 8 月のデータのみを抽出してみましょう。

```
df['2020-08']
```

	社員ID	商品分類	商品名	単価	数量	売上金額
売上日						
2020-08-01	a013	ボトムス	ロングパンツ	7000	9	63000
2020-08-03	a023	ボトムス	ジーンズ	6000	1	6000
2020-08-04	a003	トップス	シャツ	4000	7	28000
2020-08-07	a003	ボトムス	ハーフパンツ	3000	1	3000
2020-08-08	a023	ボトムス	ロングパンツ	7000	5	35000
...	...	...	...	...	...	...
2020-08-26	a036	ボトムス	ハーフパンツ	3000	6	18000
2020-08-26	a051	トップス	シャツ	4000	6	24000
2020-08-27	a003	ボトムス	ロングパンツ	7000	9	63000
2020-08-28	a003	アウター	ダウン	18000	4	72000
2020-08-28	a023	アウター	ジャケット	10000	6	60000

28 rows × 6 columns

出力結果

8 月 15 日～ 9 月 14 日までを抽出してみましょう。

スライスを使うことで、開始時点と終了時点の間のデータを抽出できます。

```
df['2020-08-15':'2020-09-14']
```

	社員ID	商品分類	商品名	単価	数量	売上金額
売上日						
2020-08-15	a023	ボトムス	ロングパンツ	7000	1	7000
2020-08-17	a036	アウター	ダウン	18000	8	144000
2020-08-20	a003	ボトムス	ロングパンツ	7000	5	35000
2020-08-21	a003	アウター	ダウン	18000	3	54000
2020-08-23	a023	ボトムス	ジーンズ	6000	3	18000
...	...	...	...	...	...	...
2020-09-11	a051	ボトムス	ロングパンツ	7000	4	28000
2020-09-12	a013	ボトムス	ロングパンツ	7000	6	42000
2020-09-12	a036	ボトムス	ハーフパンツ	3000	2	6000
2020-09-14	a036	トップス	ニット	8000	7	56000
2020-09-14	a047	ボトムス	ロングパンツ	7000	4	28000

28 rows × 6 columns

出力結果

●時系列データの集計

時系列データにすると、月ごとの集計や四半期ごとなどの期間の集計が簡単にできます。

結果がわかりやすいように、売上日と売上金額だけのデータフレーム df03 を作成します。

```
df03 = df[['売上金額']]
df03
```

売上日	売上金額
2020-01-04	56000
2020-01-05	60000
2020-01-05	70000
2020-01-06	70000
2020-01-07	14000
...	...
2020-12-26	72000
2020-12-28	54000
2020-12-30	72000
2020-12-30	9000
2020-12-31	70000

224 rows × 1 columns

出力結果

resample メソッドを使って、期間ごとに集約できます。

「M」は月ごとを示します。

「Q」で四半期ごと、「10D」で 10 日ごとの指定もできます。

ここでは、月ごとに合計の sum を算出してみましょう。

```
df03.resample('M').sum()
```

	売上金額
売上日	
2020-01-31	742000
2020-02-29	517000
2020-03-31	625000
2020-04-30	511000
2020-05-31	555000
...	...
2020-08-31	1395000
2020-09-30	800000
2020-10-31	589000
2020-11-30	1252000
2020-12-31	852000

12 rows × 1 columns

出力結果

agg メソッドを使うことで、いくつかの集計メソッドを同時に表示できます。

月ごとの、合計、平均、最大、最小を表示してみましょう。

```
df03.resample('M').agg(['sum', 'mean', 'max', 'min'])
```

	売上金額			
	sum	mean	max	min
売上日				
2020-01-31	742000	39052.631579	126000	4000
2020-02-29	517000	43083.333333	144000	4000
2020-03-31	625000	32894.736842	90000	6000
2020-04-30	511000	36500.000000	80000	6000
2020-05-31	555000	46250.000000	100000	7000
...	...	...	...	...
2020-08-31	1395000	49821.428571	180000	3000
2020-09-30	800000	40000.000000	144000	6000
2020-10-31	589000	39266.666667	100000	7000
2020-11-30	1252000	44714.285714	180000	3000
2020-12-31	852000	44842.105263	126000	3000

12 rows × 4 columns

出力結果

●曜日ごとの集計

インデックスの weekday 属性を参照することで、曜日を 0 ～ 6 の数値で取得できます。

```
df03.index.weekday
```

```
Int64Index([5, 6, 6, 0, 1, 3, 4, 5, 5, 5,
            ...
            1, 1, 4, 5, 5, 5, 0, 2, 2, 3],
           dtype='int64', name='売上日', length=224)
```

出力結果

0が月曜日で、6が日曜日です。

各日付の曜日番号が表示されています。

これをDataFrameの条件抽出に使うことで、曜日によるデータ抽出が可能です。

月曜日のデータだけ抽出してみましょう。

```
df03[df03.index.weekday == 0]
```

売上日	売上金額
2020-01-06	70000
2020-02-03	20000
2020-02-03	144000
2020-02-10	21000
2020-03-02	9000
...	...
2020-11-23	126000
2020-11-30	42000
2020-12-07	36000
2020-12-21	15000
2020-12-28	54000

33 rows × 1 columns

出力結果

月曜日のみの売上金額平均を算出します。

先ほどのコードに、meanメソッドを組み合わせます。

```
df03[df03.index.weekday == 0].mean()
```

```
売上金額    48969.69697
dtype: float64
```

出力結果

各曜日ごとの集計を同時に出力してみましょう。

この場合は、曜日の番号をインデックスに設定します。

set_index メソッドで、df03 の曜日番号をインデックスに変更します。

index.name 属性を指定し、インデックスの名前を曜日番号にします。

これを sum メソッドで集計します。

引数 level にインデックス名の曜日番号を渡すと、曜日ごとの集計ができます。

sort_index メソッドで曜日番号で並び替え、結果を見やすくします。

```
df04 = df03.set_index(df03.index.weekday)
df04.index.name = "曜日番号"
df04.sum(level="曜日番号").sort_index()
```

	売上金額
曜日番号	
0	1616000
1	2030000
2	1037000
3	1793000
4	1413000
5	890000
6	900000

33 rows × 1 columns

出力結果

12 シリーズやデータフレームに関数を適用する方法

キノ先生

「これまで、作成したデータフレームを並び替えたり、集約や集計、結合の方法を学んできましたよね。」

生徒

「はい！　できることが増えてきました！」

「これだけでもデータ解析の前処理、簡単な分析であればできそうですよね。
では、ある条件でデータを分けてフラグ立てをしたい場合はどうしますか？」

「えーっと…フィルターをかけるようなことですよね？　うーん、抽出とも似ていますし、条件だったらif文も思いつきますが、どうすれば良いかわかりません。」

「いい考えですね、データフレームにif文や関数を使うと良さそうですよね。」

「それをこれから学ぶのですね！」

「ここでは、Pandasのmapメソッド、applymapメソッド、applyメソッドについて学びましょう。」

「似たような名前のメソッドがたくさん出てきましたね。混乱しそうです。」

「そうですね。まず、シリーズとデータフレームでは、使用できるメソッドが異なります。また、特徴をつかむと、きっと分析の幅も広がりますよ。それではこれらも整理しながら見ていきましょう。」

シリーズやデータフレーム全体に関数を適用させる方法を学びましょう。

なお、シリーズかデータフレームかで、それぞれ使用できるメソッドは異なります。
シリーズで使用できるメソッドは、map メソッドと apply メソッドです。
データフレームで使用できるメソッドは、applymap メソッドと apply メソッドです。
したがって、applymap はシリーズに適用することができず、map メソッドはデータフレームに適用することができません。

それでは、それぞれのメソッドについて、詳しく見ていきましょう。

●ライブラリのインポート

はじめに、Pandas と NumPy をインポートします。NumPy は、高速に数値計算を行うための、様々な数学関数を提供するライブラリでしたね。

```
import pandas as pd
import numpy as np
```

●数値シリーズと map メソッド

それでは、まずシリーズにおける map メソッドの使い方を見ていきましょう。
変数 s1 に、5 つの要素のシリーズを格納します。 それぞれの要素は、商品単価をイメージして作成しています。

```
s1 = pd.Series([7000, 5000, 23000, 2500, 12000])
s1
```

```
0     7000
1     5000
2    23000
3     2500
4    12000
dtype: int64
```

まずはこのシリーズの各要素を、全て 2 倍にしてみましょう。
2 倍にするだけであれば、このように計算できます。

```
s1 * 2
```

```
0    14000
1    10000
2    46000
3     5000
4    24000
dtype: int64
```

次に、map メソッドを使って、シリーズの各要素を 2 倍にしてみましょう。 map メソッドは、シリーズの全ての各要素に同じ関数を適用したいときに使います。 シリーズを 2 倍にする関数を作って、適用させてみましょう。

```
def double(x):
      return x * 2
```

作成した関数を、map メソッドで適用させてみましょう。引数に関数名を指定すると、その関数がシリーズの各要素に適用されます。

```
s1.map(double)
```

```
0    14000
1    10000
2    46000
3     5000
4    24000
dtype: int64
```

このようなシンプルな関数は、ラムダ式という方法で簡単に作成することができます。
ラムダ式は、関数名のない関数であることから「無名関数」と言われています。
使い方は、lambda の後に引数、その後にコロン、そして実行したい処理を書きます。

```
s1.map(lambda x: x * 2)
```

```
0    14000
1    10000
2    46000
3     5000
4    24000
dtype: int64
```

また、ラムダ式を使用して、if 文を作成することもできます。

10000 以上であれば「1 万円以上」、それ以外は「1 万円未満」と表示する処理を指定します。

```
s1.map(lambda x: '1 万円以上' if x >= 10000 else '1 万円未満')
```

```
0    1 万円未満
1    1 万円未満
2    1 万円以上
3    1 万円未満
4    1 万円以上
dtype: object
```

次に、if 文が入った関数を使用してみましょう。

商品の価格に応じて、価格帯のランクをつける関数を作ります。

2 万以上は S、1 万以上は A、5000 以上は B、それ以外は C とします。

```
def f_rank(x):
    if x >= 20000:
        return 'S'
    elif x >= 10000:
        return 'A'
    elif x >= 5000:
        return 'B'
    else:
        return 'C'
```

```
s1.map(f_rank)
```

```
0    B
1    B
2    S
3    C
4    A
dtype: object
```

次に、NumPy の関数を使用して、シリーズを二乗してみましょう。
二乗する関数は、square 関数です。

```
s1.map(np.square)
```

```
0     49000000
1     25000000
2    529000000
3      6250000
4    144000000
dtype: int64
```

また、NumPy で、合計値を計算するには、sum 関数を使用します。実行結果は、シリーズの各要素のそのままの数値です。これは、map メソッドがシリーズの各要素に対して関数を適用させるためです。

```
s1.map(np.sum)
```

```
0     7000
1     5000
2    23000
3     2500
4    12000
dtype: int64
```

したがって、シリーズで合計値を集計をしたい場合は、Pandas の sum メソッドで計算します。
同様の方法で、平均値、最大値、最小値なども求めることができます。

```
s1.sum()
```

```
49500
```

●文字列シリーズと mapメソッド

それでは、要素が文字列のシリーズにおける map メソッドの使い方を見ていきましょう。このような片仮名とアルファベットが混ざった文字列のシリーズを作成します。

```
s2 = pd.Series(['スカート Skirt', 'ニット Knit', 'ジャケット Jacket', '
シャツ Shirt', 'ロングパンツ Slacks'])
s2
```

```
0        スカート Skirt
1          ニット Knit
2      ジャケット Jacket
3          シャツ Shirt
4    ロングパンツ Slacks
dtype: object
```

まず、シリーズ各要素の、最初の 1 文字だけ取得してみましょう。文字列から各要素を取得するには、インデックスを指定します。

はじめの 1 文字なので、インデックスは 0 です。これもラムダ式で書くことができます。

```
s2.map(lambda x: x[0])
```

```
0    ス
1    ニ
2    ジ
3    シ
4    ロ
dtype: object
```

次に、シリーズの各要素からアルファベットだけを取得してみましょう。まず、文字列操作に便利な正規表現の re モジュールをインポートします。そして、文字列からアルファベットの単語だけを探す、という関数をラムダ式で記述します。実行すると、結果がリストで取得できました。これは、re モジュールの findall メソッドの戻り値のデータ型が、リストであるためです。

```
import re
s2.map(lambda x: re.findall('[A-z]+', x))
```

```
0      [Skirt]
1       [Knit]
2     [Jacket]
3      [Shirt]
4     [Slacks]
dtype: object
```

次に、シリーズ s2 の一番最後の要素を少し変えて、このようなシリーズ s3 を作成します。

```
s3 = pd.Series(['スカート Skirt', 'ニット Knit', 'ジャケット Jacket', 'シャツ Shirt', 'Bottoms ロングパンツ Slacks'])
s3
```

```
0                スカート Skirt
1                  ニット Knit
2              ジャケット Jacket
3                 シャツ Shirt
4    Bottoms ロングパンツ Slacks
dtype: object
```

このシリーズの各要素から、アルファベット部分を取得してみましょう。 実行すると、Bottoms と Slacks が 2 つとも取得できていますね。このように、シリーズの各要素に対象が複数ある場合も、1 つの要素としてリストに格納されます。

```
s3.map(lambda x: re.findall('[A-z]+', x))
```

```
0              [Skirt]
1               [Knit]
2             [Jacket]
3              [Shirt]
4    [Bottoms, Slacks]
dtype: object
```

続けて、シリーズ s2 に欠損値のデータを追加して、このようなシリーズ s4 を作成します。
最後の要素を、np.nan で欠損値にします。

```
s4 = pd.Series(['スカートSkirt', 'ニットKnit', 'ジャケットJacket', 'シャツShirt', np.nan])
s4
```

```
0       スカートSkirt
1          ニットKnit
2    ジャケットJacket
3        シャツShirt
4              NaN
dtype: object
```

そして、このシリーズの各要素に対応するような辞書 d を作成します。辞書とは 2 つの要素をセットにして格納できるデータ型のことです。セットにしている前の方をキー、後の方を値といいます。辞書 d には、シリーズ s4 の「'シャツ Shirt'」に対応するデータがなく、シリーズ s4 にないワンピース「Onepiece' : 'Onepiece'」があります。

```
d = {'ジャケットJacket': 'Outer', 'スカートSkirt': 'Bottoms', 'ニットKnit': 'Tops','ワンピースOnepiece':'Onepiece' }
```

map メソッドを使用して、シリーズ s4 に、辞書 d を適用してみましょう。これは、2 つのデータを関連づけるという操作です。プログラミング用語ではマッピングと言います。シリーズの要素と辞書のキーを関連づけて、その値を返します。辞書のデータになかったシャツと欠損値は、NaN と表示されます。

```
s4.map(d)
```

```
0    Bottoms
1       Tops
2      Outer
3        NaN
4        NaN
dtype: object
```

次に、シリーズの各要素を取得し、文章を作成してみましょう。format 関数を使うと、波括弧の中にシリーズの各要素が入り、文章を作成することができます。しかし、欠損値もそのまま文章として作成されてしまいました。

```
s4.map('{}を買います。'.format)
```

```
0        スカート Skirtを買います。
1          ニット Knitを買います。
2      ジャケット Jacketを買います。
3         シャツ Shirtを買います。
4                 nanを買います。
dtype: object
```

欠損値に対して処理を行わないように設定したい場合には、引数na_actionにignoreを渡します。

```
s4.map('{}を買います。'.format, na_action='ignore')
```

```
0        スカート Skirtを買います。
1          ニット Knitを買います。
2      ジャケット Jacketを買います。
3         シャツ Shirtを買います。
4                        NaN
dtype: object
```

●数値シリーズとapplyメソッド

さて、次はシリーズとapplyメソッドを見ていきましょう。まずは、数値のシリーズです。先ほど使用した、数値のシリーズs1を使用します。

```
s1
```

```
0     7000
1     5000
2    23000
3     2500
4    12000
dtype: int64
```

applyメソッドも、mapメソッドと同様に、シリーズの各要素に関数を適用させることができます。また、使い方もmapメソッドと同じように、引数に適用したい関数を記述します。先ほど作成した、要素を2

倍にする関数 double を適用してみると、問題なく計算できることがわかります。

```
s1.apply(double)
```

```
0    14000
1    10000
2    46000
3     5000
4    24000
dtype: int64
```

ラムダ式で、要素を 2 倍にする関数を適用することもできます。

```
s1.apply(lambda x: x*2)
```

```
0    14000
1    10000
2    46000
3     5000
4    24000
dtype: int64
```

また、ラムダ式で、if 文を使った条件を適用することもできます。

```
s1.apply(lambda x: '1 万円以上' if x >= 10000 else '1 万円未満')
```

```
0    1 万円未満
1    1 万円未満
2    1 万円以上
3    1 万円未満
4    1 万円以上
dtype: object
```

さらに、if 文で、条件分岐する関数も適用させることもできます。

```
s1.apply(f_rank)
```

```
0    B
1    B
2    S
3    C
4    A
dtype: object
```

さて、ここで新しく、税込の金額を計算する関数 f_tax を作ります。引数名は tax とします。

```
def f_tax(x, tax):
      return x * tax + x
```

この関数を適用するには、apply メソッドの引数 args に税率をタプルで渡します。args は、可変長引数といい、複数の引数を渡すことができます。タプルとは、複数の要素が順序を持って並べられているデータ型のことです。リストとも似ていますが、タプルは要素の変更や削除ができません

```
s1.apply(f_tax, args=(0.1,))
```

```
0     7700.0
1     5500.0
2    25300.0
3     2750.0
4    13200.0
dtype: float64
```

なお、この関数は map メソッドで使うことはできません。map メソッドには、引数を渡す方法がないためです。これは、map メソッドと apply メソッドの主な違いの一つなので、覚えておきましょう。

```
s1.map(f_tax, args=(0.1,))
```

```
---------------------------------------------------------------------------

TypeError                                 Traceback (most recent call last)

<ipython-input-32-968465ca500f> in <module>
----> 1 s1.map(f_tax, args=(0.1,))


TypeError: map() got an unexpected keyword argument 'args'
```

最後に、apply メソッドは、NumPy の square 関数にも適用させることができます。

```
s1.apply(np.square)
```

```
0     49000000
1     25000000
2    529000000
3      6250000
4    144000000
dtype: int64
```

また、合計値を算出する sum 関数も、map メソッドと同様の結果です。

```
s1.apply(np.sum)
```

```
0     7000
1     5000
2    23000
3     2500
4    12000
dtype: int64
```

●文字列シリーズと apply メソッド

さて、次は文字列のシリーズで apply メソッドを見ていきましょう。 先ほど使用した、文字列のシリーズ

s2を使用します。

```
s2
```

```
0        スカート Skirt
1          ニット Knit
2      ジャケット Jacket
3          シャツ Shirt
4    ロングパンツ Slacks
dtype: object
```

まず、シリーズの各要素の最初の1文字を取得してみましょう。

各要素にインデックスを指定します。

```
s2.apply(lambda x: x[0])
```

```
0    ス
1    ニ
2    ジ
3    シ
4    ロ
dtype: object
```

続いて、アルファベットのみ取得してみましょう。

reモジュールのfindallメソッドを使用して、アルファベットの文字列を指定します。 いずれの処理も、問題なく実行することができました。

```
s2.apply(lambda x: re.findall('[A-z]+', x))
```

```
0     [Skirt]
1      [Knit]
2    [Jacket]
3     [Shirt]
4    [Slacks]
dtype: object
```

辞書の要素とシリーズの各要素の関連づけを行う、マッピングはどうでしょうか。 こちらはエラーになりました。applyメソッドでは、マッピングの操作を行うことができないためです。

```
s2.apply(d)
```

```
---------------------------------------------------------------------------

    AttributeError                            Traceback (most recent call last)

    <ipython-input-36-a266154aae06> in <module>
    ----> 1 s2.apply(d)


    ~/opt/anaconda3/lib/python3.8/site-packages/pandas/core/series.py in apply(self, func, convert_dtype, args, **kwds)
       4173         # dispatch to agg
       4174         if isinstance(func, (list, dict)):
    -> 4175             return self.aggregate(func, *args, **kwds)
       4176 
       4177         # if we are a string, try to dispatch


    ~/opt/anaconda3/lib/python3.8/site-packages/pandas/core/series.py in aggregate(self, func, axis, *args, **kwargs)
       4034             func = dict(kwargs.items())
       4035 
    -> 4036         result, how = self._aggregate(func, *args, **kwargs)
       4037         if result is None:


    AttributeError: 'Outer' is not a valid function for 'Series' object
```

最後に、format関数を使って文章を作成してみましょう。欠損値を含むシリーズs4で試してみます。

こちらは問題なく作成することができました。

```
s4.apply('{}を買います。'.format)
```

```
0        スカート Skirtを買います。
1           ニット Knitを買います。
2      ジャケット Jacketを買います。
3          シャツ Shirtを買います。
4                  nanを買います。
dtype: object
```

ここで、mapメソッドとapplyメソッドの、相違点と共通点を整理しましょう。

2つのメソッドの共通点は、全ての要素にそれぞれ同じ処理をすることです。一方、mapメソッドにしかできないことは、何かの情報と関連づけるという操作です。また、applyメソッドにしかできないことは、引数を渡して関数を実行することです。これは、mapメソッドとapplyメソッドの大きな相違点と言えます。

●数値データフレームとapplymapメソッド

さて、ここからはデータフレームの解説を進めます。データフレームで使用できるのは、applymapメソッドとapplyメソッドです。まずは、applymapメソッドから見ていきましょう。変数dfに、カラム名が日付、インデックス名が名前の、3行3列のデータフレームを格納します。

```
df = pd.DataFrame(
[[11000, 6000, 8000],[5000, 12000, 6000],[4000, 5000, 9000]],
columns=['1日', '2日', '3日'], index=['Aさん', 'Bさん', 'Cさん']
)
df
```

	1日	2日	3日
Aさん	11000	6000	8000
Bさん	5000	12000	6000
Cさん	4000	5000	9000

それでは、データフレームの各要素を2倍にしてみましょう。シリーズと同様に、関数を使用しない場合は、このように計算することができます。

```
df * 2
```

	1日	2日	3日
Aさん	22000	12000	16000
Bさん	10000	24000	12000
Cさん	8000	10000	18000

次に、applymapメソッドを使用して、関数doubleを適用させてみましょう。こちらも2倍にすることができました。

```
df.applymap(double)
```

	1日	2日	3日
Aさん	22000	12000	16000
Bさん	10000	24000	12000
Cさん	8000	10000	18000

続けて、ラムダ式でも同じ処理を実行してみましょう。こちらも2倍にすることができました。

```
df.applymap(lambda x : x * 2)
```

	1日	2日	3日
Aさん	22000	12000	16000
Bさん	10000	24000	12000
Cさん	8000	10000	18000

また、ラムダ式で、if文を使った条件を適用させることもできます。

```
df.applymap(lambda x: '1万円以上' if x >= 10000 else '1万円未満')
```

	1日	2日	3日
Aさん	1万円以上	1万円未満	1万円未満
Bさん	1万円未満	1万円以上	1万円未満
Cさん	1万円未満	1万円未満	1万円未満

さらに、if文で価格のランクをつける関数f_rankを適用させることもできます。

```
df.applymap(f_rank)
```

	1日	2日	3日
Aさん	S	S	S
Bさん	S	S	S
Cさん	A	S	S

なお、税込金額を計算する関数を実行すると、エラーになります。これは、シリーズの map メソッドと同じように、applymap メソッドには引数を渡す方法がないためです。

```
df.applymap(f_tax, args=(0.1,))
```

```
------------------------------------------------------------------
---------

TypeError                                 Traceback (most recent
call last)

<ipython-input-54-b888b3875535> in <module>
----> 1 df.applymap(f_tax, args=(0.1,))


TypeError: applymap() got an unexpected keyword argument 'args'
```

最後に、NumPy の関数で試してみましょう。 二乗をする square 関数では、問題なく計算することができました。

```
df.applymap(np.square)
```

	1日	2日	3日
Aさん	121000000	36000000	64000000
Bさん	25000000	144000000	36000000
Cさん	16000000	25000000	81000000

NumPy の sum 関数はどうでしょうか。applymap メソッドは、データフレームの各要素に関数を適用するため、要素の値は元のままになっています。

```
df.applymap(np.sum)
```

	1日	2日	3日
Aさん	11000	6000	8000
Bさん	5000	12000	6000
Cさん	4000	5000	9000

そのため、データフレームの合計を算出したい場合は、Pandas の sum メソッドを使用します。sum メソッドでは、カラムごとに合計を算出することができます。また、axis=1 を指定するとインデックスごとの算出も可能です。

```
df.sum()
```

```
1 日     20000
2 日     23000
3 日     23000
dtype: int64
```

●文字列データフレームと applymap メソッド

次に、各要素が文字列のデータフレームで、applymap メソッドの使い方を見てみましょう。このようなデータフレーム df2 を作成します。

```
df2 = pd.DataFrame([['スカート Skirt', 'ニット Knit', 'ジャケット
Jacket'],
['シャツ Shirt', 'ロングパンツ Slacks', 'ワンピース Onepiesce']],
columns=['x', 'y', 'z'])
df2
```

	x	y	z
0	スカートSkirt	ニットKnit	ジャケットJacket
1	シャツShirt	ロングパンツSlacks	ワンピースOnepiesce

まず、各要素の最初の一文字を取得してみましょう。コードの記述はシリーズの時と同様です。

```
df2.applymap(lambda x: x[0])
```

	x	y	z
0	ス	ニ	ジ
1	シ	ロ	ワ

続けて、各要素のアルファベット部分だけを取得してみましょう。こちらも、コードの記述はシリーズの時と同様です。いずれも、問題なく取得することができました。

```
df2.applymap(lambda x: re.findall('[A-z]+', x))
```

	x	y	z
0	[Skirt]	[Knit]	[Jacket]
1	[Shirt]	[Slacks]	[Onepiesce]

●数値データフレームとapplyメソッド

最後に、apply メソッドを見てみましょう。ここでは、各要素に数値を含むデータフレーム df を使用します。まず、各要素を 2 倍にする関数 double は、問題なく適用することができます。

```
df.apply(lambda x : x * 2)
```

	1日	2日	3日
Aさん	22000	12000	16000
Bさん	10000	24000	12000
Cさん	8000	10000	18000

ラムダ式でも、同様に 2 倍にすることができます。

```
df.apply(double)
```

	1日	2日	3日
Aさん	22000	12000	16000
Bさん	10000	24000	12000
Cさん	8000	10000	18000

次に、ラムダ式で条件分岐させてみましょう。今までと同様に、関数の内容は「1 万円以上」か否かで条件分岐をする処理を含んでいます。実行してみると、エラーになりました。

```
df.apply(lambda x: '1万円以上' if x >= 10000 else '1万円未満')
```

```
---------------------------------------------------------------------------

    ValueError                                Traceback (most
recent call last)

    <ipython-input-56-a639190a2875> in <module>
    ----> 1 df.apply(lambda x: '1万円以上' if x >= 10000 else '1万
円未満')


    ~/opt/anaconda3/lib/python3.8/site-packages/pandas/core/frame.
py in apply(self, func, axis, raw, result_type, args, **kwds)
       7546                 kwds=kwds,
       7547             )
    -> 7548             return op.get_result()
       7549 
       7550     def applymap(self, func) -> "DataFrame":


    ~/opt/anaconda3/lib/python3.8/site-packages/pandas/core/apply.
py in get_result(self)
        178                 return self.apply_raw()
        179 
    --> 180             return self.apply_standard()
        181 
        182     def apply_empty_result(self):


    ValueError: The truth value of a Series is ambiguous. Use a.
empty, a.bool(), a.item(), a.any() or a.all().
```

これは、「各要素に対する処理なのか、まとまりのデータに対する処理なのか判断ができない」という内容のエラーです。プログラミングでは、データに条件を与えると、True か False のどちらかが返ってきます。ただし、条件を与えられたデータがまとまりになっている場合に、各要素の値は True または False でも、まとまり全体としては値が定まらないことがあります。これは Pandas の仕様ですので、データフレームと apply メソッドの組み合わせでは、if 文は適用できないと覚えてしまいましょう。

そこで、if 文を含む関数を apply メソッドに適用させたい場合は、データフレームからカラムを指定します。 データフレームから 1 列を取り出すと、シリーズになりますね。 シリーズでは apply メソッドを適用することができるので、このような方法をとります。

```
df['1 日 '].apply(lambda x: '1 万円以上 ' if x >= 10000 else '1 万円未満
')
```

```
A さん    1 万円以上
B さん    1 万円未満
C さん    1 万円未満
Name: 1 日 , dtype: object
```

また、if 文ではなく、ただ True か False で判定するだけであればエラーになりません。これは、各要素の値に対して判定し、結果を返せるからです。

```
df.apply(lambda x: x >= 10000)
```

	1日	2日	3日
Aさん	True	False	False
Bさん	False	True	False
Cさん	False	False	False

次に、税込の金額を計算する関数を適用させてみましょう。

```
df.apply(f_tax, args=(0.1,))
```

	1日	2日	3日
Aさん	12100.0	6600.0	8800.0
Bさん	5500.0	13200.0	6600.0
Cさん	4400.0	5500.0	9900.0

さらに、NumPy の関数を適用させてみましょう。 まず、square 関数で二乗にします。

```
df.apply(np.square)
```

	1日	2日	3日
Aさん	121000000	36000000	64000000
Bさん	25000000	144000000	36000000
Cさん	16000000	25000000	81000000

続けて、sum関数も適用させてみると、列ごとの合計が計算されました。二乗する関数と合計する関数の違いは、集計関数であるかどうかです。集計関数は、sum関数の他に、平均値のmean関数、最大値のmax関数、最小値のmin関数などがあります。このように集計関数を使うと、列方向で集計されます。

```
df.apply(np.sum)
```

```
1日      20000
2日      23000
3日      23000
dtype: int64
```

行方向に集計をしたい場合は、引数axis=1を指定します。このように、データフレームで集計関数を使用する際は、引数axisで集計する方向を指定できます。

```
df.apply(np.sum, axis=1)
```

```
Aさん     25000
Bさん     23000
Cさん     18000
dtype: int64
```

応用として、列や行の中で、最大値から最小値を引いた値を取得することもできます。売上の高い人と低い人の差を計算する、といったケースです。これもラムダ式で計算できます。引数axisに1を指定していないので、列方向に集計されて結果を取得することができました。

```
df.apply(lambda i: max(i) - min(i))
```

```
1日      7000
2日       700
3日      3000
dtype: int64
```

●文字列データフレームとapplyメソッド

各要素が文字列のデータフレームには、applyメソッドを適用することはできるのでしょうか。 先ほど作成したデータフレームdf2を使用して実行してみます。 最初の1文字ではなく、最初の1行が取得できました。列方向にインデックス番号が0のデータを取得しています。

```
df2.apply(lambda x: x[0])
```

```
x          スカート Skirt
y            ニット Knit
z        ジャケット Jacket
dtype: object
```

では、applyメソッドで、文字列のデータフレームからアルファベット部分だけを取り出せるのでしょうか。 実行します。 これはエラーになりました。先ほど同様、列方向に処理をしようとしているのでエラーになってしまいます。

```
df2.apply(lambda x: re.findall('[A-z]+',x))
```

```
---------------------------------------------------------------------------

    TypeError                                 Traceback (most
recent call last)

    <ipython-input-66-e34c6844b0d6> in <module>
    ----> 1 df2.apply(lambda x: re.findall('[A-z]+',x))


    ~/opt/anaconda3/lib/python3.8/site-packages/pandas/core/frame.
py in apply(self, func, axis, raw, result_type, args, **kwds)
       7546                  kwds=kwds,
       7547              )
    -> 7548              return op.get_result()
       7549
       7550      def applymap(self, func) -> "DataFrame":
    ~/opt/anaconda3/lib/python3.8/re.py in findall(pattern, string,
```

```
flags)
        239
        240     Empty matches are included in the result."""
    --> 241     return _compile(pattern, flags).findall(string)
        242
        243 def finditer(pattern, string, flags=0):


    TypeError: expected string or bytes-like object
```

このように、データフレームでのapplyメソッドは、列方向または行方向に関数を適用させることができます。

さて、ちょっと混乱してきましたね。最後にそれぞれのメソッドについて、改めてまとめてみましょう。シリーズで使用できるメソッドは、mapとapplyの2つです。いずれも各要素に対して、関数を適用させたりすることができます。また、ラムダ式を使って2倍にすること、if文が入ったラムダ式、NumPyの数学関数を使うことはどちらもできました。ただし、文字列操作は、mapメソッドが向いています。また、関連付けをするマッピングができるのもmapメソッドです。一方、引数があるような関数を適用させたい場合はapplyメソッドが向いています。したがって、文字列を扱うときはmapメソッド、数字を扱うときはapplyメソッドを使う場面が多いと考えます。

シリーズ

名前	map	apply
引数がない関数、ラムダ式	○	○
if文付きラムダ式、関数	○	○
文字列操作を含む関数	○	△
NumPy関数（数学関数）	○	○
NumPy関数（集計関数）	×	×
引数のある関数	×	○
関数付け（マッピング）	○	×

次に、データフレームで使用できるメソッドは、applymap メソッドと apply メソッドの 2 つです。applymap メソッドは、各要素に対して関数を適用させることができます。一方の apply メソッドは、適用させたい関数の種類によって、それぞれの要素に対してか、列や行ごとへの適用ができます。また、ラムダ式で 2 倍にしたり、numpy の数学関数を使うことはどちらでもできました。ただし、if 文付きの関数や文字列操作に適しているのは applymap メソッドです。また、集計をしたい場合や引数がある関数を適用させたい場合は apply メソッドを使うのが良いでしょう。

データフレーム

名前	applymap	apply
引数がない関数、ラムダ式	○	○
if文付きラムダ式、関数	○	×
文字列操作を含む関数	○	×
NumPy関数（数学関数）	○	○
NumPy関数（集計関数）	×	○
引数のある関数	×	○
関数付け（マッピング）	—	—

それぞれのメソッドの違いを理解して、是非データ分析の前処理に活用してみてください。

●データフレームと mask,where

さて、データフレームと applymap メソッドの組み合わせで登場した、条件に応じて文字を表示するフラグ付けに関して補足です。

簡単な条件式でフラグを付けたい場合には、applymap メソッドの他に、mask メソッドや where メソッドを使用することもできます。mask メソッドは、条件に合う要素を指定した値で取得することができます。このように、条件に合う要素のみ「1 万円未満」と表示することができました。

```
df.mask(df < 10000, '1 万円未満 ')
```

	1日	2日	3日
Aさん	11000	1万円未満	1万円未満
Bさん	1万円未満	12000	1万円未満
Cさん	1万円未満	1万円未満	1万円未満

条件部分だけのコードも実行して、比べてみましょう。こちらは条件に合う要素が True、条件に合わない要素が True と表示されました。

```
df < 10000
```

	1日	2日	3日
Aさん	False	True	True
Bさん	True	False	True
Cさん	True	True	True

where メソッドは、mask メソッドとは反対で、条件に合わない要素を指定した値で取得することができます。 条件に合わない要素のみ「1 万円以上」と表示することができました。

```
df.where(df < 10000, '1 万円以上 ')
```

	1日	2日	3日
Aさん	1万円以上	6000	8000
Bさん	5000	1万円以上	6000
Cさん	4000	5000	9000

Part 3

仕事自動化法

Excel のファイル操作や Gmail の自動送信など、
仕事の作業を Python で自動化してみましょう。

01 Excelの自動化

「この章では、Excelでの単純作業をPythonで自動化する方法をご紹介します。」

「Excelの作業を自動化…すごく興味あります。いつも単純作業にうんざりしていました。」

「そうですよね。 私もプログラミングを学習する前は、上司へレポートを提出するために毎日1時間かけてExcelでの単純作業を繰り返していました。」

「日々の単純作業の時間って1年に換算したらすごいことになりそう…」

「毎日1時間を1年間で換算すると200時間以上も時間を使ってしまっていたことになりますよ。」

「時給に換算したらいくらになるんだろう…」

「時給換算すると数十万円以上です。」

「なんだかもったいないですね。 200時間もあれば、もっと生産性の高い仕事ができたかもしれませんし。」

「残業を減らせれば、自分のやりたいことに集中して時間を有効に使えたかもしれませんよね。」

「そうですね。単純作業を自動化するって、会社にも自分にもメリットですね。」

「Pythonでこうした単純作業を自動化していきましょう。」

第1弾 Pythonによる Excelファイルの分割と統合

1-1 Excelファイルの分割

例えば、複数の店舗を運営しているアパレル会社 A があったとします。
アパレル会社 A の発注担当者は、毎日定時に発注管理表を確認します。
さらに、取引先ごとに Excel ファイルを分割し、メールで発注しています。
このような発注業務は、作業時間がかかり面倒です。
Python でどのようなコードを実行したら、自動化できるでしょうか。

Excel発注作業イメージ

●使用データ

ここで使用する「sample.xlsx」という Excel ファイルには、予実管理表、売上管理表、発注管理表の 3 つのシートが含まれています。

● Jupyter Lab 起動

まず、Jupyter Lab を起動します。

Mac の場合はターミナル、Windows の場合はコマンドプロンプトを開いて「Jupyter Lab」と入力します。

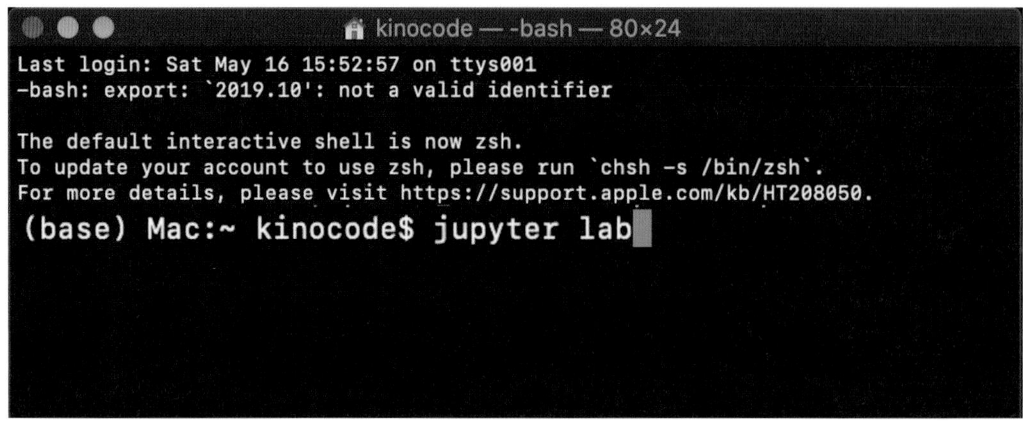

Jupyter Lab起動ターミナルの場合

Jupyter Lab の画面が起動したら準備完了です。

● ライブラリをインポート

ライブラリとは、よく使う機能・関数をまとめて、簡単に使えるようにしたものです。ここでは以下の 3 つのライブラリを使用します。

Pandas

Pandas は、データ解析を支援する機能を提供するライブラリです。

Excel や CSV ファイルを簡単に読み込むことができ、グラフ化や集計、加工などの機能が入っています。

openpyxl

Python から Excel を操作するためのライブラリです。

インストールされていない場合は、The Python Package Index に公開されている Python のライブラリをインストールするツール pip（The Python Package Installer）を使い、「!pip install openpyxl」を実行しましょう。

glob

特定の条件に一致するファイル名を取得することができるライブラリです。

```
!pip install openpyxl

import pandas as pd
import openpyxl
import glob
```

●パスを設定する

読み取るExcelファイルの場所やシート名を、変数に代入します。

変数に代入しておくことで、後日別のファイルを読み込んで使用したい時、ここだけ編集すれば良いので便利です。

パスはJupyter Labのサイドバーで表示されているファイルを右クリックし、Copy Pathから貼り付けましょう。

```
import_file_path = './Data/PythonAuto/sample.xlsx'
excel_sheet_name = ' 発注管理表 '
export_file_path = './Data/PythonAuto/output'
```

●Excelファイルを読み込む

Pandasのread_excelメソッドを使ってExcelファイルを読み込み、変数order_dfに格納します。

このメソッドを使うと、データフレームという構造でデータが取得されます。

引数には、ファイルの場所とファイル名、読み取るシート名などを記述します。

import_file_pathやexcel_sheet_nameは、はじめに代入した変数です。

```
order_df = pd.read_excel(import_file_path, sheet_name=excel_sheet_
name)
```

```
order_df
```

	会社名	商品番号	商品分類	商品名	単価(円)	数量	発注金額
0	株式会社A	b023	ボトムス	ロングパンツ	7000	8	56000
1	株式会社A	b003	ボトムス	ジーンズ	6000	10	60000
2	株式会社A	b003	ボトムス	ロングパンツ	7000	10	70000
3	株式会社A	b036	ボトムス	ロングパンツ	7000	2	14000
4	株式会社A	b013	トップス	ニット	8000	7	56000
...	...	...	...	...	...	...	...

200 rows × 7 columns

order_dfの実行結果

実行すると、作成したデータフレームの中身を確認できます。

●unique 関数で重複をなくす

「会社名」という列から、重複を除いた会社名を取得し、変数 company_name に代入します。

シリーズの unique 関数を使うことで、重複を除くことができます。

```
company_name = order_df['会社名'].unique()
company_name
```

```
array(['株式会社A', '株式会社B', '株式会社C', '株式会社D', '株式会社E' , '株式会社F', '株式会社G', '株式会社H', '株式会社I', '株式会社J', '株式会社K', '株式会社L', '株式会社M', '株式会社N', '株式会社O', '株式会社P', '株式会社Q', '株式会社R', '株式会社S' , '株式会社T', '株式会社U','株式会社V', '株式会社W', '株式会社X' , '株式会社Y', '株式会社Z'], dtype=object)
```

type関数を使ってデータ型を確認すると、company_nameは、データフレームではなくnumpy.ndarrayというデータ型であることがわかります。

データフレームの列を unique 関数を使って取得すると、データ型が変わります。

```
type(order_df)
```

```
pandas.core.frame.DataFrame
```

type(order_df)を実行

```
type(company_name)
```

```
numpy.ndarray
```

type(company_name)を実行

●ファイルの分割

会社ごとにデータを分割しましょう。

まずは、株式会社 A のみ抽出してみます。

一致する行は True、一致しない行は Flase が返ってきます。

```
order_df['会社名'] == '株式会社A'
```

```
0        True
1        True
2        True
3        True
4        True
        ...
195     False
196     False
197     False
198     False
199     False
Name: 会社名, Length: 200, dtype: bool
```

株式会社Aを抽出

この記述をそのままorder_dfの角括弧の中に記述すると、Trueの行だけ抽出できます。

つまり、株式会社Aだけが抽出されます。

```
order_df[order_df['会社名'] == '株式会社A']
```

	会社名	商品番号	商品分類	商品名	単価(円)	数量	発注金額
0	株式会社A	b023	ボトムス	ロングパンツ	7000	8	56000
1	株式会社A	b003	ボトムス	ジーンズ	6000	10	60000
2	株式会社A	b003	ボトムス	ロングパンツ	7000	10	70000
3	株式会社A	b036	ボトムス	ロングパンツ	7000	2	14000
4	株式会社A	b013	トップス	ニット	8000	7	56000
5	株式会社A	b047	アウター	ダウン	18000	7	126000
6	株式会社A	b013	トップス	ニット	8000	5	40000
7	株式会社A	b013	ボトムス	ハーフパンツ	3000	9	27000
8	株式会社A	b047	ボトムス	ロングパンツ	7000	1	7000

株式会社A(True)のみを抽出

for文を使って、会社名ごとにデータを分割しましょう。

カウンタ変数iにcompany_nameのリストが先頭から順に代入されます。

変数の中身を見るにはprint関数を使います。

```
for i in company_name:
    print(i)
```

```
株式会社 A
株式会社 B
株式会社 C
株式会社 D
株式会社 E
株式会社 F
株式会社 G
株式会社 H
株式会社 I
株式会社 J
株式会社 K
株式会社 L
株式会社 M
株式会社 N
株式会社 O
株式会社 P
株式会社 Q
株式会社 R
株式会社 S
株式会社 T
株式会社 U
株式会社 V
株式会社 W
株式会社 X
株式会社 Y
株式会社 Z
```

1つめのfor文の実行結果

この取得した会社名を使って、会社名ごとに発注データをエクスポートします。

変数名は、order_companyとします。

データフレームの「会社名」がカウンタ変数iと等しいデータだけを抽出すると、会社名ごとにデータが分かれます。

```
for i in company_name:
    order_company = order_df[order_df['会社名'] == i]
    print(order_company)
```

```
      会社名  商品番号  商品分類     商品名  単価（円）  数量    発注金額
0   株式会社A  b023  ボトムス  ロングパンツ   7000   8   56000
1   株式会社A  b003  ボトムス    ジーンズ   6000  10   60000
2   株式会社A  b003  ボトムス  ロングパンツ   7000  10   70000
3   株式会社A  b036  ボトムス  ロングパンツ   7000   2   14000
4   株式会社A  b013  トップス     ニット   8000   7   56000
5   株式会社A  b047  アウター     ダウン  18000   7  126000
6   株式会社A  b013  トップス     ニット   8000   5   40000
7   株式会社A  b013  ボトムス  ハーフパンツ   3000   9   27000
8   株式会社A  b047  ボトムス  ロングパンツ   7000   1    7000
9   株式会社A  b036  ボトムス  ハーフパンツ   3000   5   15000
10  株式会社A  b003  トップス     シャツ   4000   1    4000
11  株式会社A  b003  アウター     ダウン  18000   1   18000
     会社名  商品番号  商品分類     商品名  単価（円）  数量   発注金額
12  株式会社B  b036  アウター     ダウン  18000   3  54000
```

2つめのfor文の実行結果

●Excelファイルに書き出す

会社ごとに分けたデータを、to_excelメソッドでExcelファイルに書き出します。

引数には、データの出力先を記述します。

従って、export_file_pathは、はじめに出力先のパスを代入した変数です。

カウンタ変数のiと拡張子.xlsxを、+で結合します。

```
for i in company_name:
    order_company = order_df[order_df['会社名'] == i]
    order_company.to_excel(export_file_path + '/' + i + '.xlsx')
```

実行すると、あらかじめ用意したoutputフォルダに会社ごとのデータが作成されます。

▼ output	今日 11:30	153 KB	フォルダ	--	今日 10:24
株式会社A.xlsx	今日 11:30	6 KB	Micros...k (.xlsx)	今日 11:31	今日 11:30
株式会社B.xlsx	今日 11:30	6 KB	Micros...k (.xlsx)	--	今日 11:30
株式会社C.xlsx	今日 11:30	6 KB	Micros...k (.xlsx)	--	今日 11:30
株式会社D.xlsx	今日 11:30	6 KB	Micros...k (.xlsx)	--	今日 11:30
株式会社E.xlsx	今日 11:30	6 KB	Micros...k (.xlsx)	--	今日 11:30
株式会社F.xlsx	今日 11:30	6 KB	Micros...k (.xlsx)	--	今日 11:30
株式会社G.xlsx	今日 11:30	6 KB	Micros...k (.xlsx)	--	今日 11:30
株式会社H.xlsx	今日 11:30	6 KB	Micros...k (.xlsx)	--	今日 11:30
株式会社I.xlsx	今日 11:30	6 KB	Micros...k (.xlsx)	--	今日 11:30
株式会社J.xlsx	今日 11:30	6 KB	Micros...k (.xlsx)	--	今日 11:30
株式会社K.xlsx	今日 11:30	6 KB	Micros...k (.xlsx)	--	今日 11:30
株式会社L.xlsx	今日 11:30	6 KB	Micros...k (.xlsx)	--	今日 11:30
株式会社M.xlsx	今日 11:30	6 KB	Micros...k (.xlsx)	--	今日 11:30
株式会社N.xlsx	今日 11:30	6 KB	Micros...k (.xlsx)	--	今日 11:30
株式会社O.xlsx	今日 11:30	6 KB	Micros...k (.xlsx)	--	今日 11:30
株式会社P.xlsx	今日 11:30	6 KB	Micros...k (.xlsx)	--	今日 11:30
株式会社Q.xlsx	今日 11:30	6 KB	Micros...k (.xlsx)	--	今日 11:30
株式会社R.xlsx	今日 11:30	7 KB	Micros...k (.xlsx)	--	今日 11:30
株式会社S.xlsx	今日 11:30	6 KB	Micros...k (.xlsx)	--	今日 11:30
株式会社T.xlsx	今日 11:30	6 KB	Micros...k (.xlsx)	--	今日 11:30
株式会社U.xlsx	今日 11:30	6 KB	Micros...k (.xlsx)	--	今日 11:30
株式会社V.xlsx	今日 11:30	6 KB	Micros...k (.xlsx)	--	今日 11:30
株式会社W.xlsx	今日 11:30	6 KB	Micros...k (.xlsx)	--	今日 11:30
株式会社X.xlsx	今日 11:30	6 KB	Micros...k (.xlsx)	--	今日 11:30
株式会社Y.xlsx	今日 11:30	6 KB	Micros...k (.xlsx)	--	今日 11:30
株式会社Z.xlsx	今日 11:30	6 KB	Micros...k (.xlsx)	--	今日 11:30

outputフォルダの中身

outputフォルダに出力された各ファイル

次にすべての出力をクリアにして、作成したプログラムをボタン1つで実行させてみましょう。output フォルダの中身も削除しておきます。kernel タブの「Restart Kernel and Run All Cells...」を選択すると、一気に全ての処理が実行されます。

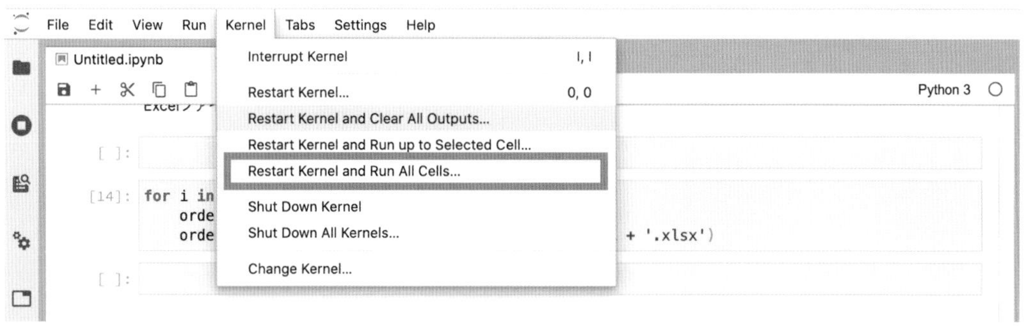

outputフォルダの中身も削除しておきます

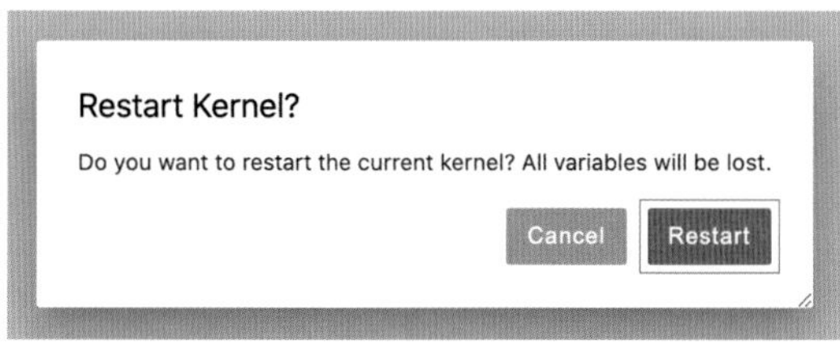

カーネルをリスタート

Excelファイルへの書き出しが、1秒で完了します。

YouTubeはこちら

1-2 分割したファイルを1つにする

次に、分割したファイルを1つにするプログラムを組んでみます。

例えば、複数の支店を持つ生命保険会社Bがあったとします。

各支店長は、支店の予算と実績を管理している予実管理表を本部に報告します。

本部の担当者は、送られてきた予実管理表を集計し、上司に報告しています。

1日30分程かけているこの集計作業が無くなれば、月に10時間以上は削減できますね。

Pythonでプログラムを作り、実際に動作させてみましょう。

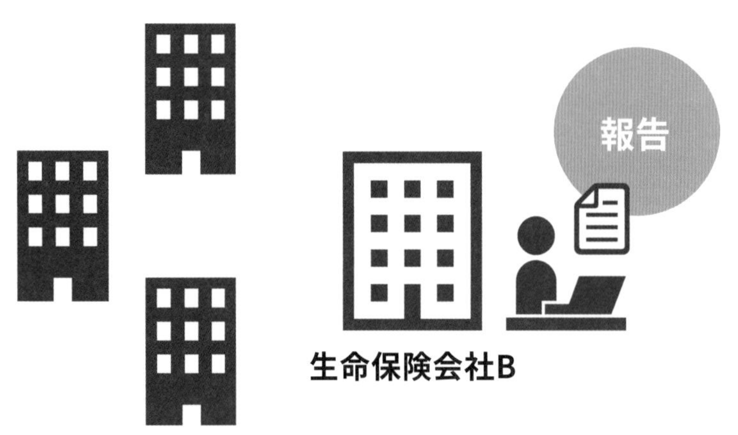

集計作業イメージ

●使用するデータ

ここでは、各支店から送られたファイルが rawdata フォルダに保存されているものとします。

ファイルの中には、横浜、札幌、大阪、東京、福岡支店の Excel ファイルが入っています。

●パスの設定

各支店ファイルを 1 つのファイルにしたものを書き出すディレクトリパスを変数に代入します。

この notebook ファイルは、ホームディレクトリにあるものとします。

```
export_file_path = './Data/PythonAuto/'
```

各支店ファイルが置かれたフォルダのパスを変数に代入します。

```
import_folder_path = './Data/PythonAuto/rawdata'
```

●glob によるファイル名の取得

「*」は、「全て」という意味です。

従って、rawdata フォルダ内の .xlsx という全ファイルを取得します。

これを、変数 path と定義します。

```
path = import_folder_path + '/' + '*.xlsx'
```

glob メソッドで、変数 path に設定した条件と一致するファイル名を取得します。

取得したフォルダの場所とファイル名が表示されます。

```
file_path = glob.glob(path)
```

```
file_path
```

```
['./Data/PythonAuto/rawdata/ 東京支店 .xlsx',
'./Data/PythonAuto/rawdata/ 大阪支店 .xlsx',
'./Data/PythonAuto/rawdata/ 横浜支店 .xlsx',
'./Data/PythonAuto/rawdata/ 札幌支店 .xlsx',
'./Data/PythonAuto/rawdata/ 福岡支店 .xlsx']
```

file_pathの実行結果

●for 文でファイルを読み込む

for 文で Excel ファイルを読み込んだ後、データをひとつにまとめます。

まず空のデータフレームを生成し、変数 df_concat に格納します。

カウンタ変数 i に、取得したファイル名の file_path が 1 つずつ代入されます。

df_read_excel は、各支店ファイルを読み込んだデータを格納するための変数です。

read_excel メソッドで、Excel ファイルを読み込みます。

head メソッドで、最初の 3 行のみ表示させます。

実行すると、支店ごとのデータが読み込まれていることが確認できます。

```
df_concat = pd.DataFrame()

for i in file_path:
    df_read_excel = pd.read_excel(i)
    print(df_read_excel.head(3))
```

```
  Unnamed: 0  社員番号     氏名  支店   売上目標   売上実績    達成率
0           0  a001   辻上 明佳  東京  40000  39856  0.996
1           2  a003  石崎 和香菜  東京  39000  42011  1.077
2          11  a012  辻下 万美子  東京  39000  36501  0.936
  Unnamed: 0  社員番号     氏名  支店   売上目標   売上実績    達成率
0           3  a004  斉 あきの  大阪  43000  39780  0.925
1          10  a011  山藤 善雄  大阪  40000  35401  0.885
2          13  a014  植野 寛美  大阪  25000  20493  0.820
  Unnamed: 0  社員番号     氏名  支店   売上目標   売上実績    達成率
0           1  a002  押元 大成  横浜  48000  45678  0.952
1           7  a008  水戸 美砂  横浜  41000  43201  1.054
2           8  a009  小花 賢悟  横浜  45000  46789  1.040
```

for文の実行結果

●concat 関数で表同士を結合させる

print の記述部分を消して、新たな行を追加します。

concat メソッドで、df_read_excel と df_concat の 2 つのデータフレームを結合します。

結合させたデータフレームを head メソッドで表示させると、Unnamed: 0 の列があることがわかります。

```
df_concat = pd.DataFrame()

for i in file_path:
    df_read_excel = pd.read_excel(i)
    df_concat = pd.concat([df_read_excel, df_concat])
```

```
df_concat.head()
```

	Unnamed: 0	社員番号	氏名	支店	売上目標	売上実績	達成率
0	5	a006	八尾 洋志	福岡	28000	23405	0.836
1	9	a010	鍵谷 一磨	福岡	27000	30102	1.115
2	12	a013	宮瀬 尚紀	福岡	26000	30123	1.159
3	14	a015	新森 雅紀	福岡	30000	34569	1.152
4	31	a032	三角 和正	福岡	24000	20102	0.838

df_concatの実行結果

●drop メソッドで列を削除する

Unnamed: 0 の列は不要なので、drop メソッドで列ごと削除します。

削除後のデータフレームを df_drop として代入します。

引数には、削除するカラム名と、削除する方向（行 [0] または列 [1]）を指定します。

```
df_drop = df_concat.drop('Unnamed: 0', axis=1)
```

```
df_drop.head()
```

	社員番号	氏名	支店	売上目標	売上実績	達成率
0	a006	八尾 洋志	福岡	28000	23405	0.836
1	a010	鍵谷 一磨	福岡	27000	30102	1.115
2	a013	宮瀬 尚紀	福岡	26000	30123	1.159
3	a015	新森 雅紀	福岡	30000	34569	1.152
4	a032	三角 和正	福岡	24000	20102	0.838

drop後の出力結果

●sort_values メソッドで並び替える

sort_values メソッドを使って、達成率順に並び替えてみましょう。

変数 df_sort に代入します。

引数 by には、並び替えたいカラム名を記述します。

降順にするために引数で ascending = False とします。

昇順の場合は True です。

```
df_sort = df_drop.sort_values(by=' 達成率 ', ascending=False)
```

```
df_sort
```

	社員番号	氏名	支店	売上目標	売上実績	達成率
3	a016	芳澤 佳乃子	横浜	30000	37869	1.262
1	a007	関藤 梨花	札幌	25000	30405	1.216
3	a017	周藤 愛乃	大阪	38000	45929	1.209
8	a037	片尾 愛佑美	東京	41000	49219	1.200
2	a013	宮瀬 尚紀	福岡	26000	30123	1.159

sort_valuesメソッドの実行結果

●to_excel メソッドで Excel へ書き出す

to_excel メソッドで、データを Excel に書き出します。

引数には、変数 export_file_path（保存したい場所のパス）と書き出すファイル名を記述します。

```
df_sort.to_excel(export_file_path + '/' + '予実管理表.xlsx')
```

	A	B	C	D	E	F	G	H
1		社員番号	氏名	支店	売上目標	売上実績	達成率	
2	3	a016	芳澤 佳乃子	横浜	30000	37869	1.262	
3	1	a007	関藤 梨花	札幌	25000	30405	1.216	
4	3	a017	周藤 愛乃	大阪	38000	45929	1.209	
5	8	a037	片尾 愛佑美	東京	41000	49219	1.2	
6	2	a013	宮瀬 尚紀	福岡	26000	30123	1.159	
7	3	a015	新森 雅紀	福岡	30000	34569	1.152	
8	6	a027	本永 悠希	東京	25000	27893	1.116	
9	1	a010	鍵谷 一磨	福岡	27000	30102	1.115	
10	5	a026	三角 静江	東京	35000	38801	1.109	
11	8	a036	西尾 謙	横浜	25000	27349	1.094	
12	1	a003	石崎 和香菜	東京	39000	42011	1.077	
13	8	a031	八木沢 和貴	大阪	40000	42500	1.063	
14	9	a041	積 萌恵	横浜	38000	40129	1.056	
15	1	a008	水戸 美砂	横浜	41000	43201	1.054	
16	2	a009	小花 賢悟	横浜	45000	46789	1.04	
17	9	a042	池 祐矢	東京	29000	30120	1.039	
18	0	a005	寺下 春樹	札幌	38000	39271	1.033	
19	6	a047	上瀬 由和	札幌	28000	28901	1.032	
20	6	a023	河野 利香	大阪	40000	41239	1.031	
21	5	a019	河路 文武	大阪	33000	34001	1.03	
22	10	a039	吉川 紘未	大阪	28000	28830	1.03	
23	11	a048	蒲生 利彦	東京	45000	46102	1.024	
24	12	a049	清沢 澄枝	大阪	24000	24500	1.021	
25	4	a021	堀場 克巳	東京	29000	29045	1.002	
26	4	a018	尾下 勝広	大阪	33000	33002	1	
27	0	a001	辻上 明佳	東京	40000	39856	0.996	
28	7	a035	泰地 生恵	横浜	40000	39781	0.995	
29	2	a022	安楽 遼子	札幌	30000	29785	0.993	
30	7	a050	佐久田 里	札幌	40000	38890	0.972	
31	3	a025	伊多波 愛良	札幌	34000	33002	0.971	
32	5	a028	新開 優紀	横浜	38000	36781	0.968	
33	0	a002	押元 大成	横浜	48000	45678	0.952	

出力された予実管理表Excelの中身

出力された予実管理表の中身はこのようになっています。

一番左側の列が不要です。

これを削除するための記述を次に行います。

● load_workbook と delete_cols メソッド

Excel ファイルを読み込むために、load_workbook メソッドを使います。

引数には、読み込むファイル名を記述します。

これを変数 workbook に代入します。 次に、操作するシートを指定します。

変数 worksheet には、最初のシート 0 を指定し、代入します。

delete_cols メソッドで、不要な列を削除する記述をします。

一番左の列を削除したいので、1 です。

最後に、Excel ファイルを保存する記述をします。

ファイル名が区別できるように「予実管理表 _01.xlsx」としましょう。

実行してファイルの中身を確認すると、不要な列が削除されていることがわかります。

```
workbook = openpyxl.load_workbook(export_file_path + '/予実管理
表.xlsx')
worksheet = workbook.worksheets[0]
worksheet.delete_cols(1)
workbook.save(export_file_path + '/予実管理表_01.xlsx')
```

	A	B	C	D	E	F	G	H
1	社員番号	氏名	支店	売上目標	売上実績	達成率		
2	a016	芳澤 佳乃子	横浜	30000	37869	1.262		
3	a007	関藤 梨花	札幌	25000	30405	1.216		
4	a017	周藤 愛乃	大阪	38000	45929	1.209		
5	a037	片尾 愛佑美	東京	41000	49219	1.2		
6	a013	宮瀬 尚紀	福岡	26000	30123	1.159		
7	a015	新森 雅紀	福岡	30000	34569	1.152		
8	a027	本永 悠希	東京	25000	27893	1.116		
9	a010	鍵谷 一磨	福岡	27000	30102	1.115		
10	a026	三角 静江	東京	35000	38801	1.109		
11	a036	西尾 謙	横浜	25000	27349	1.094		
12	a003	石崎 和香菜	東京	39000	42011	1.077		
13	a031	八木沢 和貴	大阪	40000	42500	1.063		
14	a041	積 萌恵	横浜	38000	40129	1.056		
15	a008	水戸 美砂	横浜	41000	43201	1.054		
16	a009	小花 賢悟	横浜	45000	46789	1.04		
17	a042	池 祐矢	東京	29000	30120	1.039		
18	a005	寺下 春樹	札幌	38000	39271	1.033		
19	a047	上瀬 由和	札幌	28000	28901	1.032		
20	a023	河野 利香	大阪	40000	41239	1.031		
21	a019	河路 文武	大阪	33000	34001	1.03		
22	a039	吉川 紘未	大阪	28000	28830	1.03		
23	a048	蒲生 利彦	東京	45000	46102	1.024		
24	a049	清沢 澄枝	大阪	24000	24500	1.021		
25	a021	堀場 克巳	東京	29000	29045	1.002		
26	a018	尾下 勝広	大阪	33000	33002	1		
27	a001	辻上 明佳	東京	40000	39856	0.996		
28	a035	泰地 生恵	横浜	40000	39781	0.995		
29	a022	安楽 遼子	札幌	30000	29785	0.993		
30	a050	佐久田 里	札幌	40000	38890	0.972		
31	a025	伊多波 愛良	札幌	34000	33002	0.971		
32	a028	新開 優紀	横浜	38000	36781	0.968		
33	a002	押元 大成	横浜	48000	45678	0.952		

load_workbook と delete_cols メソッド

第2弾 Excelの関数・機能をPythonで実行

「第1弾では、Excelの読み込みや、書き出し、分割といった操作を行いました。いかがでしたか？」

「もっとPythonで自動化をする機能を知りたくなりました。他にPythonではどんなことができるんでしょうか？」

「Excelの関数や機能、あるいはグラフ作成もできますよ。」

「えー。可視化もできるんですね！」

「Pythonができるようになれば、自動化の他にもデータ分析、人工知能開発、Webサービス開発といったこともできるようになります。」

「自動化をキッカケに様々な分野でもPythonを活用できるということですか！　夢がありますね。Python って…。」

「自動化はあくまで序章にしかすぎないということです。そう考えるとワクワクしますね。」

「第2弾、早く始めましょ！」

「そうですね。Excelだと面倒なこと、あるいはExcelだとできない事も交えながらExcelの関数や機能、グラフ作成について見ていきましょうか。」

「はい。よろしくおねがいします。」

2-1　VLOOKUP関数

VLOOKUP 関数は、共通した検索キーをもとに、対応するデータを取り出してくれる Excel 関数です。これを Python ではどのように実行すれば良いでしょうか。

●使用データ

ここで使用する「sample2.xlsx」という Excel ファイルには、社員マスタ、予算管理表、実績管理表、実績管理表社員 ID 未記入、発注管理表の 5 つのシートが含まれています。

●ライブラリをインポート

```
import openpyxl
import pandas as pd
```

●Excel ファイルの読み込み

読み込む Excel ファイルやシート名を、変数に代入します。

変数に代入しておくことで、異なる Excel ファイルを使用したい場合、ここだけ編集すれば良いので便利です。

変数 import_file には、Excel ファイル名を代入します。

さらに、シート名を変数に格納します。

```
import_file = './Data/PythonAuto/sample02.xlsx'
```

```
# excel シート名
excel_sheetname01 = '社員マスタ'
excel_sheetname02 = '予算管理表'
excel_sheetname03 = '実績管理表'
excel_sheetname04 = '実績管理表社員 ID 未記入'
```

変数名は、excel_sheet_name01~04 とします。

●Excel データをデータフレームにする

社員マスタ、予算管理表、実績管理表のシートを、それぞれデータフレームで表示させる記述をします。Pandas の read_excel メソッドを使うと、データフレームというデータ構造でデータを取得できます。読み込むデータを格納する変数をそれぞれ df_employee_master、df_budget、df_actual とし、引数には、読み込むファイル名とシート名を記述します。

```
df_employee_master = pd.read_excel(import_file, sheet_name=excel_
sheetname01)
df_employee_master.head()
```

	社員番号	氏名	所属支店	性別
0	a001	辻上 明佳	東京	女
1	a002	押元 大成	横浜	男
2	a003	石崎 和香菜	東京	女
3	a004	斉 あきの	大阪	女
4	a005	寺下 春樹	札幌	男

masterのデータフレーム化

```
df_budget = pd.read_excel(import_file, sheet_name=excel_
sheetname02)
df_budget.head()
```

	社員番号	売上予算
0	a001	40000
1	a002	48000
2	a003	39000
3	a004	43000
4	a005	38000

budgetのデータフレーム化

```
df_actual = pd.read_excel(import_file, sheet_name=excel_
sheetname03)
df_actual.head()
```

	売上日	社員ID	氏名	性別	商品分類	商品名	単価(円)	数量	売上金額(円)
0	2020-01-04	a023	河野 利香	女	ボトムス	ロングパンツ	7000	8	56000
1	2020-01-05	a003	石崎 和香菜	女	ボトムス	ジーンズ	6000	10	60000
2	2020-01-05	a052	井上 真	女	アウター	ジャケット	10000	7	70000
3	2020-01-06	a003	石崎 和香菜	女	ボトムス	ロングパンツ	7000	10	70000
4	2020-01-07	a036	西尾 謙	男	ボトムス	ロングパンツ	7000	2	14000

actualのデータフレーム化

Pandasのmergeメソッドで、ExcelのVLOOKUP関数と同様のことができます。

ここでは、「社員番号」をキーに社員マスタと予算管理表のデータフレームを結合させます。

引数には社員マスタと予算管理表のデータフレームを記述します。

onでは、検索キーである社員番号を指定します。

headメソッドを使用することで、上位5件が表示されます。

```
pd.merge(df_employee_master, df_budget, on='社員番号').head()
```

	社員番号	氏名	所属支店	性別	売上予算
0	a001	辻上 明佳	東京	女	40000
1	a002	押元 大成	横浜	男	48000
2	a003	石崎 和香菜	東京	女	39000
3	a004	斉 あきの	大阪	女	43000
4	a005	寺下 春樹	札幌	男	38000

mergeを実行し、headメソッドで上位5件を表示

mergeメソッドの引数onは、検索キーが共通のカラム名であれば記述を省略できます。

これを実行すると同じ結果になることがわかります。

```
pd.merge(df_employee_master, df_budget).head()
```

検索キーとしたいデータの中身が同じでもカラム名が異なる場合は、left_onとright_onでカラムを指定します。

left_onには1つ目のデータフレームの検索キー、right_onには2つ目のデータフレームの検索キーを渡します。

```
pd.merge(df_employee_master, df_actual, left_on='社員番号', right_
on='社員ID').head()
```

	社員番号	氏名_x	所属支店	性別_x	売上日	社員ID	氏名_y	性別_y	商品分類	商品名	単価(円)	数量	売上金額(円)
0	a003	石崎 和香菜	東京	女	2020-01-05	a003	石崎 和香菜	女	ボトムス	ジーンズ	6000	10	60000
1	a003	石崎 和香菜	東京	女	2020-01-06	a003	石崎 和香菜	女	ボトムス	ロングパンツ	7000	10	70000
2	a003	石崎 和香菜	東京	女	2020-01-19	a003	石崎 和香菜	女	トップス	シャツ	4000	1	4000
3	a003	石崎 和香菜	東京	女	2020-01-21	a003	石崎 和香菜	女	アウター	ダウン	18000	1	18000
4	a003	石崎 和香菜	東京	女	2020-01-24	a003	石崎 和香菜	女	ボトムス	ロングパンツ	7000	6	42000

2つ目のmergeの実行結果

●検索キーが 2 つある場合

	社員番号	氏名	所属支店	性別
2	a047	上瀬 由和	札幌	男
3	a048	蒲生 利彦	東京	男
4	a049	清沢 澄枝	大阪	女
5	a050	佐久田 里	札幌	女
6	a051	井上 真	東京	男
7	a052	井上 真	東京	女

同姓同名を含むデータフレーム

このように、性別が異なる同姓同名が含まれている場合、検索キーが氏名のみでは一意になりません。

「一意」とは、全ての値が重複しないことを言います。

これを「ユニーク」とも言います。

Excel では、CONCATENATE 関数を使って、氏名と性別を結合し、一意になる文字列を作ります。

これは非常に面倒ですが、Python なら 1 行で実行できます。

やり方は merge メソッドを使えば、氏名と性別の 2 つのカラムをキーとするこができます。

引数 left_on と right_on には、氏名と性別をリストで渡します。

```
pd.merge(df_employee_master, df_actual, left_on=['氏名','性別'],
right_on=['氏名','性別']).head()
```

	社員番号	氏名	所属支店	性別	売上日	社員ID	商品分類	商品名	単価(円)	数量	売上金額(円)	数量	売上金額(円)
0	a003	石崎 和香菜	東京	女	2020-01-05	a003	ボトムス	ジーンズ	6000	10	60000	10	60000
1	a003	石崎 和香菜	東京	女	2020-01-06	a003	ボトムス	ロングパンツ	7000	10	70000	10	70000
2	a003	石崎 和香菜	東京	女	2020-01-19	a003	トップス	シャツ	4000	1	4000	1	4000
3	a003	石崎 和香菜	東京	女	2020-01-21	a003	アウター	ダウン	18000	1	18000	1	18000
4	a003	石崎 和香菜	東京	女	2020-01-24	a003	ボトムス	ロングパンツ	7000	6	42000	6	42000

キーが2つの時の実行結果

2-2　ピボットテーブル

ピボットテーブルは、「クロス集計」ができる Excel の機能です。

クロス集計とは、例えば、ある企業の購入者を年齢や性別など 2 つ以上の分析軸から集計する方法です。クロス集計を行うことで各分析軸のデータを可視化できます。

早速、Python で実行してみましょう。

社員マスタと実績管理表を merge メソッドで結合させたデータフレームを使用します。

これを、df_employee_actual とします。

```
df_employee_actual = pd.merge(df_employee_master, df_actual, left_
on='社員番号', right_on='社員ID')
df_employee_actual
```

	社員番号	氏名_x	所属支店	性別_x	売上日	社員ID	氏名_y	性別_y	商品分類	商品名	単価(円)	数量	売上金額(円)
0	a003	石崎 和香菜	東京	女	2020-01-05	a003	石崎 和香菜	女	ボトムス	ジーンズ	6000	10	60000
1	a003	石崎 和香菜	東京	女	2020-01-06	a003	石崎 和香菜	女	ボトムス	ロングパンツ	7000	10	70000
2	a003	石崎 和香菜	東京	女	2020-01-19	a003	石崎 和香菜	女	トップス	シャツ	4000	1	4000
3	a003	石崎 和香菜	東京	女	2020-01-21	a003	石崎 和香菜	女	アウター	ダウン	18000	1	18000
4	a003	石崎 和香菜	東京	女	2020-01-24	a003	石崎 和香菜	女	ボトムス	ロングパンツ	7000	6	42000

224 rows × 13 columns

df_employee_actualの実行結果

結合したデータフレームには、氏名と性別が重複しているため、_x や _y が付いたカラムがあります。

これを drop メソッドで削除します。

また、社員 ID は社員番号と同じなので、これも削除しましょう。

```
df_employee_actual = df_employee_actual.drop(['氏名_y', '性別_y',
'社員ID'], axis=1)
df_employee_actual
```

	社員番号	氏名_x	所属支店	性別_x	売上日	商品分類	商品名	単価(円)	数量	売上金額(円)	単価(円)	数量	売上金額(円)
0	a003	石崎 和香菜	東京	女	2020-01-05	ボトムス	ジーンズ	6000	10	60000	6000	10	60000
1	a003	石崎 和香菜	東京	女	2020-01-06	ボトムス	ロングパンツ	7000	10	70000	7000	10	70000
2	a003	石崎 和香菜	東京	女	2020-01-19	トップス	シャツ	4000	1	4000	4000	1	4000
3	a003	石崎 和香菜	東京	女	2020-01-21	アウター	ダウン	18000	1	18000	18000	1	18000
4	a003	石崎 和香菜	東京	女	2020-01-24	ボトムス	ロングパンツ	7000	6	42000	7000	6	42000

224 rows × 10 columns

dropメソッドで削除した結果

氏名 _x、性別 _x のカラム名を rename メソッドで変更しましょう。

変更前と変更後のカラム名を、引数 columns に辞書型で渡します。

```
df_employee_actual = df_employee_actual.rename(columns={'氏名_x':'
氏名', '性別_x':'性別'})
df_employee_actual
```

	社員番号	氏名	所属支店	性別	売上日	商品分類	商品名	単価(円)	数量	売上金額(円)	売上金額(円)	数量	売上金額(円)
0	a003	石崎 和香菜	東京	女	2020-01-05	ボトムス	ジーンズ	6000	10	60000	60000	10	60000
1	a003	石崎 和香菜	東京	女	2020-01-06	ボトムス	ロングパンツ	7000	10	70000	70000	10	70000
2	a003	石崎 和香菜	東京	女	2020-01-19	トップス	シャツ	4000	1	4000	4000	1	4000
3	a003	石崎 和香菜	東京	女	2020-01-21	アウター	ダウン	18000	1	18000	18000	1	18000
4	a003	石崎 和香菜	東京	女	2020-01-24	ボトムス	ロングパンツ	7000	6	42000	42000	6	42000

224 rows × 10 columns

rename メソッドの実行結果

●ピボットテーブルの作成

Pandas の pivot_table メソッドを使ってピボットテーブルを作成します。

Excel のピボットテーブルと同様、カテゴリごとに平均、合計、最大、最小、標準偏差などを求めることができます。

氏名、商品分類ごとの売上金額の合計を算出します。

引数 aggfunc には、集計方法に合計の sum を指定します。

```
df_employee_actual.pivot_table(index='氏名', columns='商品分類',
values='売上金額（円）', aggfunc='sum')
```

商品分類	アウター	トップス	ボトムス
氏名			
上瀬 由和	636000	296000	416000
井上 真	560000	200000	176000
宮瀬 尚紀	464000	340000	883000
河野 利香	918000	424000	458000
石崎 和香菜	1022000	564000	883000
西尾 謙	786000	292000	361000

employee を合計した結果

平均を算出したい場合は、引数 aggfunc に平均を意味する mean を渡します。

最大値は max、最小値 min、データの個数は count で算出できます。

```
df_employee_actual.pivot_table(index='氏名', columns='商品分類',
values='売上金額（円）', aggfunc='mean')
```

商品分類	アウター	トップス	ボトムス
氏名			
上瀬 由和	106000.000000	42285.714286	29714.285714
井上 真	70000.000000	25000.000000	22000.000000
宮瀬 尚紀	77333.333333	42500.000000	35320.000000
河野 利香	76500.000000	35333.333333	26941.176471
石崎 和香菜	63875.000000	37600.000000	31535.714286
西尾 謙	78600.000000	26545.454545	27769.230769

meanのピボットテーブル

平均を算出したデータフレームは小数点以下も表示されている為、astypeメソッドで小数型から整数型に変更します。

「int」は整数型を意味します。

```
df_employee_actual.pivot_table(index='氏名',
                               columns='商品分類',
                               values='売上金額（円）',
                               aggfunc='mean').astype('int')
```

商品分類	アウター	トップス	ボトムス
氏名			
上瀬 由和	106000	42285	29714
井上 真	70000	25000	22000
宮瀬 尚紀	77333	42500	35320
河野 利香	76500	35333	26941
石崎 和香菜	63875	37600	31535
西尾 謙	78600	26545	27769

整数型meanのピボットテーブル

標準偏差や中央値、独自の関数でピボットテーブルを作成します。

これらを算出するためには、NumPyというライブラリを使います。

NumPyとは、高水準の数学関数や多次元配列を高速に計算できるライブラリです。

```
import numpy as np
```

引数aggfuncに、標準偏差を意味するstdを渡します。

```
df_employee_actual.pivot_table(index='氏名', columns='商品分類',
                               values='売上金額（円）',
                               aggfunc=np.std).astype('int')
```

商品分類	アウター	トップス	ボトムス
氏名			
上瀬 由和	31215	28081	17273
井上 真	39162	17728	16860
宮瀬 尚紀	46573	20832	19241
河野 利香	51797	28582	17763
石崎 和香菜	42132	23460	18602
西尾 謙	57046	13537	21656

標準偏差stdのピボットテーブル

中央値はmedianです。

```
df_employee_actual.pivot_table(index='氏名', columns='商品分類',
                               values='売上金額（円）',
                               aggfunc=np.median).astype('int')
```

商品分類	アウター	トップス	ボトムス
氏名			
上瀬 由和	108000	40000	27500
井上 真	65000	22000	21500
宮瀬 尚紀	71000	40000	36000
河野 利香	70000	32000	24000
石崎 和香菜	65000	40000	27500
西尾 謙	62000	24000	18000

中央値medianのピボットテーブル

平均や中央値といった2つ以上の計算結果をデータフレームに表示させることもできます。
その場合は、引数aggfuncに求めたい計算方法をリストで渡します。

```
df_employee_actual.pivot_table(index='氏名', columns='商品分類',
                               values='売上金額（円）', aggfunc=[np.
mean, np.median]).astype('int')
```

商品分類			mean ボトムス			median ボトムス
商品分類	アウター	トップス	ボトムス	アウター	トップス	ボトムス
氏名						
上瀬 由和	106000	42285	29714	108000	40000	27500
井上 真	70000	25000	22000	65000	22000	21500
宮瀬 尚紀	77333	42500	35320	71000	40000	36000
河野 利香	76500	35333	26941	70000	32000	24000
石崎 和香菜	63875	37600	31535	65000	40000	27500
西尾 謙	78600	26545	27769	62000	24000	18000

複数集計のピボットテーブル

計算方法には独自で作った関数を指定することもできます。

例えばこのように、税込みの計算式を入れたい時などに便利です。

```
df_employee_actual.pivot_table(index='氏名', columns='商品分類',
                                values='売上金額（円）',
aggfunc=lambda x: np.sum(x)*1.10).astype('int')
```

商品分類	アウター	トップス	ボトムス
氏名			
上瀬 由和	699600	325600	457600
井上 真	616000	220000	193600
宮瀬 尚紀	510400	374000	971300
河野 利香	1009800	466400	503800
石崎 和香菜	1124200	620400	971300
西尾 謙	864600	321200	397100

独自関数のピボットテーブル

2-3　SUMIFS関数で条件に合う合計を算出

SUMIFS関数は、条件に合う合計を算出することができるExcel関数です。

条件は1つだけではなく、複数指定することができます。

Pythonで実行してみましょう。

ここでは、実績管理表のデータを使用します。

実績管理表を格納したデータフレームを表示させてみましょう。

```
df_actual
```

	売上日	社員ID	氏名	性別	商品分類	商品名	単価(円)	数量	売上金額(円)
0	2020-01-04	a023	河野 利香	女	ボトムス	ロングパンツ	7000	8	56000
1	2020-01-05	a003	石崎 和香菜	女	ボトムス	ジーンズ	6000	10	60000
2	2020-01-05	a052	井上 真	女	アウター	ジャケット	10000	7	70000
3	2020-01-06	a003	石崎 和香菜	女	ボトムス	ロングパンツ	7000	10	70000
4	2020-01-07	a036	西尾 謙	男	ボトムス	ロングパンツ	7000	2	14000
...	...	...	...	...	...	...	...	...	...

224 rows × 9 columns

実績管理表データフレーム

Pythonの場合、Pandasのgroupbyメソッドを使います。

氏名ごとに売上金額の合計を算出してみましょう。

氏名でグルーピングをするため、groupbyの引数は氏名です。

sumは合計を意味します。

```
df_actual[['氏名','売上金額(円)']].groupby('氏名').sum()
```

	売上金額(円)
氏名	
上瀬 由和	1348000
井上 真	936000
宮瀬 尚紀	1687000
河野 利香	1800000
石崎 和香菜	2469000
西尾 謙	1439000

氏名でグルーピングした売上金額

日付を絞ってデータを抽出してみましょう。

次をそれぞれ実行すると、条件が一致する行はTrue、一致しない行はFalseのように結果がBoolean型で返ってきます。

```
# 2020年4月1日以上
df_actual['売上日'] >= '2020-04-01'
```

```
0       False
1       False
2       False
3       False
4       False
        ...
219      True
220      True
221      True
222      True
223      True
Name: 売上日 , Length: 224, dtype: bool
```

4月1日以上

```
# 2020 年 7 月 1 日未満
df_actual['売上日'] < '2020-07-01'
```

```
0        True
1        True
2        True
3        True
4        True
        ...
219     False
220     False
221     False
222     False
223     False
Name: 売上日 , Length: 224, dtype: bool
```

7月1日未満

& で結ぶことで、4 月 1 日以上かつ 7 月 1 日未満のデータを抽出できます。

これをさらに角括弧でくくり、データフレームとして表示させます。

```
df_actual[(df_actual['売上日'] >= '2020-04-01') & (df_actual['売上日'] < '2020-07-01')]
```

	売上日	社員ID	氏名	性別	商品分類	商品名	単価(円)	数量	売上金額(円)
50	2020-04-03	a003	石崎 和香菜	女	ボトムス	ロングパンツ	7000	3	21000
51	2020-04-04	a047	上瀬 由和	男	トップス	ニット	8000	8	64000
52	2020-04-09	a003	石崎 和香菜	女	ボトムス	ロングパンツ	7000	8	56000
53	2020-04-09	a023	河野 利香	女	トップス	ニット	8000	10	80000
54	2020-04-11	a003	石崎 和香菜	女	ボトムス	ロングパンツ	7000	3	21000
...	...	...	...	...	...	...	...	...	...

4月1日以上7月1日未満のデータフレーム頭の5行のみ

日付を絞ったデータを、df_actual へ再び格納します。

```
df_actual = df_actual[(df_actual['売上日'] >= '2020-04-01') & (df_actual['売上日'] < '2020-07-01')]
```

4月1日以上7月1日未満での、氏名ごとの売上金額合計が算出されます。

```
df_actual[['氏名','売上金額(円)']].groupby('氏名').sum()
```

	売上金額(円)
氏名	
上瀬 由和	224000
井上 真	167000
宮瀬 尚紀	208000
河野 利香	558000
石崎 和香菜	576000
西尾 謙	291000

4月1日以上7月1日未満の氏名ごとの売上金額

氏名に加えて、商品分類ごとに集計してみましょう。

groupby メソッドの引数にも商品分類を加え、リストにします。

最後に合計を意味する sum で算出します

count とするとデータの個数、最大値や最小値は max、min で算出できます。

```
df_actual[['氏名','商品分類','売上金額(円)']].groupby(['氏名','商品分類']).sum()
```

		売上金額（円）
氏名	商品分類	
上瀬 由和	アウター	60000
	トップス	104000
	ボトムス	60000
井上 真	トップス	84000
	ボトムス	83000
宮瀬 尚紀	アウター	70000
	ボトムス	138000
河野 利香	アウター	254000
	トップス	244000
	ボトムス	60000
石崎 和香菜	アウター	60000
	トップス	252000
	ボトムス	264000
西尾 謙	アウター	130000
	トップス	80000
	ボトムス	81000

氏名と商品分類でグルーピングした売上金額の合計

2-4 seabornでのグラフ描画

YouTubeはこちら

● seaborn

matplotlibと同様、グラフを作るためのライブラリです。

seabornは、matplotlibをベースに作られており、美しい配色や形のグラフを作ることが可能です。

インストールされていない場合は以下を実行してください。

```
!pip install sns
```

● ライブラリをインポート

matplotlibのpyplotとseabornをインポートします。

```
import matplotlib.pyplot as plt
%matplotlib inline
import seaborn as sns
```

データは、所属支店ごとの商品分類合計のピボットテーブルを使用します。

変数「df_sales_pivot」に格納しておきます。

```
df_sales_pivot = df_employee_actual.pivot_table(index='所属支店
',columns='商品分類',values='売上金額（円）',aggfunc='sum')
```

```
df_sales_pivot
```

商品分類	アウター	トップス	ボトムス
所属支店			
大阪	918000	424000	458000
札幌	636000	296000	416000
東京	1582000	764000	1059000
横浜	786000	292000	361000
福岡	464000	340000	883000

df_sales_pivotの中身

matplotlib や seaborn のデフォルトでは日本語をうまく表示させることができないため、カラム名をアルファベットに変更します。

```
df_sales_pivot.index = ['osaka','sapporo','tokyo','yokohama','fuku
oka']
df_sales_pivot.columns = ['outer','tops','bottoms']
```

データフレームの中身を確認します。

```
df_sales_pivot
```

	outer	tops	bottoms
osaka	918000	424000	458000
sapporo	636000	296000	416000
tokyo	1582000	764000	1059000
yokohama	786000	292000	361000
fukuoka	464000	340000	883000

カラム名をアルファベットに変更したデータフレーム

●棒グラフ

seaborn の barplot メソッドで、棒グラフを作成します。

引数には、x 軸、y 軸に設定したいデータと配色パターンを渡します。

```
sns.barplot(df_sales_pivot.index, df_sales_pivot['outer']
,palette='rocket')
```

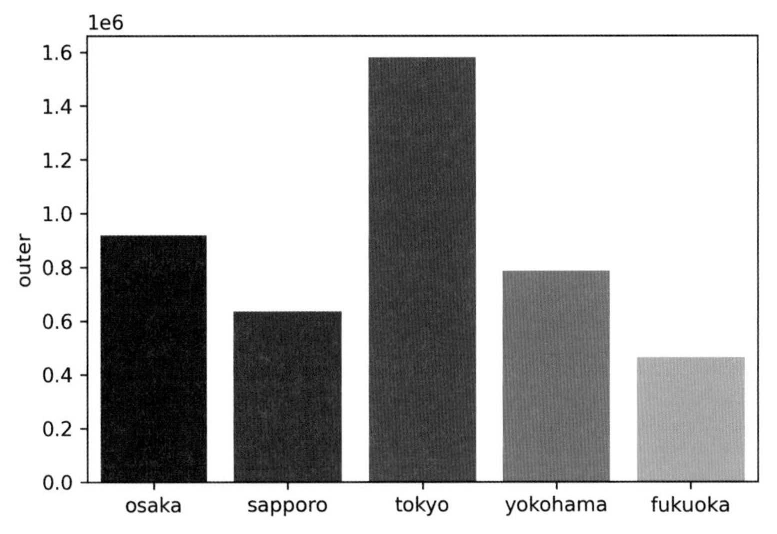

アウターの売上棒グラフ

グラフのサイズを変更したい場合は figure オブジェクトを生成し、figsize で設定できます。figsize=(横の長さ , 縦の長さ) となります。

```
plt.figure(figsize=(10,6))
sns.barplot(df_sales_pivot.index, df_sales_pivot['outer']
,palette='rocket')
```

●ヒートマップ

seaborn でヒートマップを作ってみましょう。
変数 cmap に色の設定を代入し、heatmap メソッドの引数に渡します。
値が大きいほど色が濃くなり、データを視覚的に認識できます。

```
plt.figure(figsize=(10,6))


cmap = sns.light_palette('#64919B', as_cmap=True)
sns.heatmap(df_sales_pivot, cmap=cmap)
```

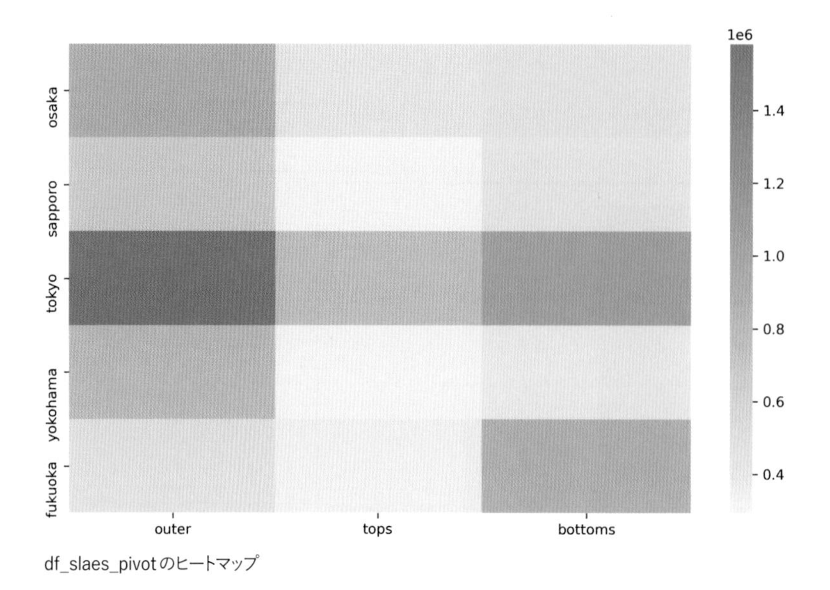

df_slaes_pivotのヒートマップ

東京のアウターが最も売れているということがわかります。

●円グラフ

円グラフを作ってみましょう。

set_palette メソッドの引数に、Set2 というカラーパレットを設定します。

seaborn には他にも様々なカラーパレットが用意されています。

お好きなカラーを試してみてください。

```
plt.figure(figsize=(7,7))

sns.set_palette('Set2')
plt.pie(df_sales_pivot['outer'], labels=df_sales_pivot.index)
```

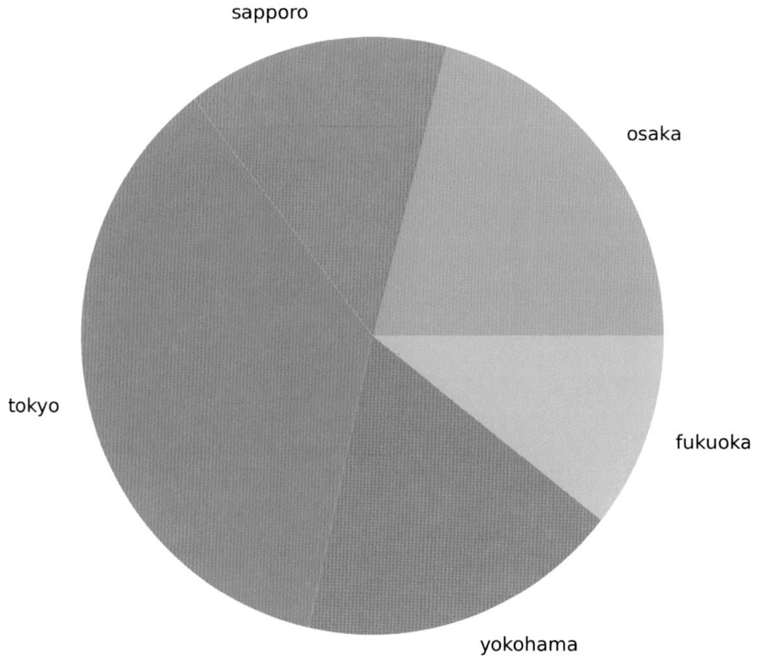

df_slaes_pivotの円グラフ

グラフは画像ファイルとして書き出しが可能です。

matplotlib の savefig メソッドを使い、引数にファイル名を記述します。

dpi で解像度も設定できます。

```
plt.figure(figsize=(7,7))

sns.set_palette('Set2')
plt.pie(df_sales_pivot['outer'], labels=df_sales_pivot.index)

plt.savefig('graph.png', dpi=200)
```

第3弾 レポート作成の自動化

YouTubeはこちら

キノ先生

「前章では、Excelでの関数、機能、グラフ化といった作業をPythonで実行しましたね。」

生徒

「はい！ Pythonでいろいろできることがわかってきました！」

「頑張りましたね。ここからは、レポート作成を自動化する方法を学びます。」

「レポート作成…。」

「具体的には、売上昨年比や前週比などのデータを集計・加工し、グラフを挿入したレポートを自動で作成します。」

「なるほど。より実践的な雰囲気になってきましたね。」

「そうですね。Pythonは予測分析が非常に得意なので、重回帰分析を使った売上予測の結果も追加していきますよ。」

「重回帰分析って何ですかー？」

「機械学習を使って分析をする手法の1つです。」

「すごく難しそう…」

「ここでは細かい部分を理解するというより使い方をイメージできれば大丈夫ですよ。」

「それなら安心して進められそうです。」

3-1　前年比、前週比の算出

200人ほど座れるレストランを経営する会社があるとします。
あなたはその会社の管理本部で働いています。
毎日上司に対し、昨日までの売上結果をExcelで報告しています。
上司はその売上集計結果を見ながら経験に頼りつつ、今月の売上がいくらになるか予測しています。
売上予測に基づき食材を発注をしているので、大切な業務です。
しかし、あなたがこの売上を集計をするのに時間がかかり、上司も忙しいので売上予測をするのに時間がかかっています。
もし、あなたがこの集計と売上予測を自動化できたら、あなたの時間は浮き、上司も売上予測の時間がなくなればコア業務に注力できます。
また単なる売上予測だけでなく、広告費をかけた場合とそうでない場合の売上予測を添えたら、きっとあなたの評価は上がることでしょう。

●使用データ

このレッスンでは、sample_auto03.xlsxを使用します。
このファイルには、日付date、売上sales、広告代costが記載されており、「201909」と「202009」のシートが含まれています。

```
import pandas as pd
import datetime
```

datetimeとは、日付を操作するためのモジュールです。
今日が2020年9月14日として、変数todayに代入します。

```
today = datetime.date(2020, 9, 14)
```

dateメソッドで日付を生成します。

```
today
```

```
datetime.date(2020, 9, 14)
```

todayの実行

type メソッドで、データ型を確認します。

```
type(today)
```

```
datetime.date
```

type 確認

●月初取得

今日の日付の月初を取得します。

これを変数 month_start に代入しておきましょう。

```
month_start = datetime.date(today.year, today.month, 1)
month_start
```

```
datetime.date(2020, 9, 1)
```

月初取得

●月末取得

月末は 30 日で終わる月も、31 日で終わる月もあります。月初の場合のように日の部分に 30 や 31 と書くことはできません。

そこで翌月の 1 日から 1 を引く方法で月末を取得します。

日付の差分を算出するために、datetime の timedelta をインポートします。timedelta は 1 日の差分という意味で、引数 days には 1 を渡します。これを引くと 1 日分が引かれた日にちを作成できます。

これは変数 month_end に代入しておきましょう。

```
from datetime import timedelta
```

```
month_end = datetime.date(today.year, today.month+1, 1) -
timedelta(days=1)
month_end
```

```
datetime.date(2020, 9, 30)
```

月末取得

●Excel ファイルやシート名を変数に代入

Excel のファイル名やシート名を変数に代入することで、ファイルが変わった時など、ここだけを編集すれば良いことになります。

```
import_file = './Data/PythonAuto/sample_auto03.xlsx'
```

```
excel_sheetname01 = '201909'
excel_sheetname02 = '202009'
```

●Excel ファイルの読み込み

Pandas の read_excel 関数で、Excel ファイルを読み込みます。

第 1 引数にはファイル名、引数 sheet_name にはシート名を渡します。

引数 index_col で指定した列（日付部分）が、インデックスになります。

```
df_201909 = pd.read_excel(import_file, sheet_name=excel_
sheetname01, index_col='date')
df_201909.head()
```

	sales	cost
date		
2019-08-30	370193.0	10000
2019-08-31	604558.0	11000
2019-09-01	451000.0	3500
2019-09-02	313000.0	8000
2019-09-03	298000.0	9000

Excelデータフレーム

●2019 年 9 月と 2020 年 9 月のデータを結合し前年比を算出

2019 年 9 月のデータと 2020 年 9 月のデータを結合して前年比を算出します。結合するには merge メソッドを使い、共通キーを日付にします。

しかし、単純に 2019 年 9 月 1 日のデータに 2020 年 9 月 1 日の日付を結合させるのは今回の場合良くありません。

なぜなら飲食店は、週末に売り上げが伸びるケースがあるからです。

したがって、同週同曜日の日付を結合させましょう。

date	sales	cost			
2019-09-01	451,000	3,500	日	2020-09-01	火
2019-09-02	313,000	8,000	月	2020-09-02	水
2019-09-03	298,000	9,000	火	2020-09-03	木
2019-09-04	310,000	11,000	水	2020-09-04	金
2019-09-05	290,000	8,000	木	2020-09-05	土
2019-09-06	369,000	11,000	金	2020-09-06	日
2019-09-07	602,000	12,000	土	2020-09-07	月
2019-09-08	655,000	13,000	日	2020-09-08	火
2019-09-09	287,000	2,000	月	2020-09-09	水
2019-09-10	268,000	2,000	火	2020-09-10	木
2019-09-11	243,000	1,000	水	2020-09-11	金

同週同曜日の表

このように、2020 年 9 月 1 日の前年同週同曜日は、9 月 3 日です。

したがって、2019 年から見るとインデックスの日付を 2 日前にずらした 364 日後のデータを取得すれば良さそうです。

日付をずらすには、pandas.tseries.offsets の offsets を使用します。

2 日ずれたデータを next_year の列として、データフレームに追加します。

```
import pandas.tseries.offsets as offsets
```

cost の列は今回不要なので、drop メソッドで削除します。

```
df_201909['next_year'] = df_201909.index + offsets.Day(364)
df_201909.head()
```

	sales	cost	next_year
date			
2019-08-30	370193.0	10000	2020-08-28
2019-08-31	604558.0	11000	2020-08-29
2019-09-01	451000.0	3500	2020-08-30
2019-09-02	313000.0	8000	2020-08-31
2019-09-03	298000.0	9000	2020-09-01

リスト要素アクセス

axis は削除する方向を指定します。

```
df_201909 = df_201909.drop(['cost'], axis=1)
df_201909.head()
```

	sales	next_year
date		
2019-08-30	370193.0	2020-08-28
2019-08-31	604558.0	2020-08-29
2019-09-01	451000.0	2020-08-30
2019-09-02	313000.0	2020-08-31
2019-09-03	298000.0	2020-09-01

costの列削除

0が行方向、1が列方向です。

2019年のデータ前処理は以上です。

```
df_202009 = pd.read_excel(import_file, sheet_name=excel_
sheetname02, index_col='date')
df_202009.head()
```

	sales	cost
date		
2020-08-25	254364.0	1000.0
2020-08-26	286343.0	1000.0
2020-08-27	265857.0	1000.0
2020-08-28	302279.0	1000.0
2020-08-29	558500.0	1000.0

202009のデータフレーム

2020年9月のデータも同様に読み込みます。

next_yearを追加した2019年のデータフレームと、2020年のデータフレームを結合しましょう。結合方法にはinner、left、right、outerの4つがあります。SQLを使ったことがある人はピンとくると思います。SQLのINNER JOIN、LEFT JOIN、RIGHT JOIN、OUTER JOINと同じです。例えば2つのデータフレームがあったとします。日付を共通キーとし、その共通キーが9月1日から9月4日まで一緒とします。そのときinnerで結合すると、共通部分だけ結合され、leftだと左のデータフレームを元に結合されます。左のデータフレームは全部残り、右のテーブルは共通部分のみ残ります。rightはleftの逆で、右のデータフレームが全部残り、左のテーブルは共通部分のみ残るようになります。outerの場合はどちらかのデータフレームに存在していれば残ります。

今回は2019年のデータフレームには2020年の同週同曜日のカラムを作成しました。これを左とします。そして2020年のデータフレームを右とします。2020年の同週同曜日と、右のデータフレームの日付を共通キーにし、結合します。ただし、右のデータフレームの方がデータが多いので、右のデータフレームをキーに結合します。つまり結合方法は right です。

引数 left_on は、2019 年のデータフレームで指定するキーです。

2020 年のデータフレームは日付の列がインデックスになっているので、引数 right_index を True とすることでキーに指定できます。

結合方法を指定する引数 how には、右のデータフレームの方がデータが多いので right を渡します。

```
df_this_year = pd.merge(df_201909, df_202009, left_on='next_year',
right_index=True, how='right')
df_this_year.head()
```

	sales_x	next_year	sales_y	cost
NaT	NaN	2020-08-25	254364.0	1000.0
NaT	NaN	2020-08-26	286343.0	1000.0
NaT	NaN	2020-08-27	265857.0	1000.0
2019-08-30	370193.0	2020-08-28	302279.0	1000.0
2019-08-31	604558.0	2020-08-29	558500.0	1000.0

rightで結合したデータフレーム

rename メソッドで､カラム名を変更します。sales_x を last year sales に sales_y を this year sales、next_year を date にします。

```
df_this_year = df_this_year.rename(columns
            ={'sales_x':'last year sales',
              'sales_y':'this year sales',
              'next_year':'date'})
df_this_year.head()
```

	last year sales	date	this year sales	cost
NaT	NaN	2020-08-25	254364.0	1000.0
NaT	NaN	2020-08-26	286343.0	1000.0
NaT	NaN	2020-08-27	265857.0	1000.0
2019-08-30	370193.0	2020-08-28	302279.0	1000.0
2019-08-31	604558.0	2020-08-29	558500.0	1000.0

カラムを変更したデータフレーム

インデックスが 2019 年のデータフレームのインデックスのままになっているので､2020 年の date の列をインデックスに変更します。

```
df_this_year = df_this_year.set_index('date')
df_this_year
```

	last year sales	this year sales	cost
date			
2020-08-28	370193.0	302279.0	1000.0
2020-08-29	604558.0	558500.0	1000.0
2020-08-30	451000.0	588152.0	1000.0
2020-08-31	313000.0	281777.0	1000.0
2020-09-01	298000.0	249000.0	1000.0

インデックスを変更したデータフレーム

今年のデータの列であるthis year salesを、昨年のlast year salesの列で割ることで前年比を算出できます。

これを、last year perとして新たな列をデータフレームに追加しましょう。

```
df_this_year['last year per'] = df_this_year['this year sales'] /
df_this_year['last year sales']
df_this_year.head()
```

	last year sales	this year sales	cost	last year per
date				
2020-08-25	NaN	254364.0	1000.0	NaN
2020-08-26	NaN	286343.0	1000.0	NaN
2020-08-27	NaN	265857.0	1000.0	NaN
2020-08-28	370193.0	302279.0	1000.0	0.816544
2020-08-29	604558.0	558500.0	1000.0	0.923815

前年比last year perを追加したデータフレーム

●前週比を算出する

date	sales		
2019-09-01	451,000		
2019-09-02	313,000		
2019-09-03	298,000		
2019-09-04	310,000		
2019-09-05	290,000		
2019-09-06	369,000		
2019-09-07	602,000		
2019-09-08	655,000	2019-09-01	451,000
2019-09-09	287,000	2019-09-02	313,000
2019-09-10	268,000	2019-09-03	298,000
2019-09-11	243,000	2019-09-04	310,000
2019-09-12	251,000	2019-09-05	290,000
2019-09-13	276,000	2019-09-06	369,000
2019-09-14	420,700	2019-09-07	602,000

前週比をイメージするための表

上の表のように、列を1週間分下にずらします。

例えば、色付けした部分同士を計算すれば前週比を算出できそうですね。

shift メソッドで、this year sales の列を7日分ずらします。

これを、last week sales というカラムでデータフレームに追加しましょう。

これを使って、前週比を計算します。

```
df_this_year['last week sales'] = df_this_year['this year sales'].
shift(7)
df_this_year
```

date	last year sales	this year sales	cost	last year per	last week sales	last week per
2020-09-01	298000.0	249000.0	1000.0	0.835570	254364.0	0.978912
2020-09-02	310000.0	286000.0	1000.0	0.922581	286343.0	0.998802
2020-09-03	290000.0	265000.0	1000.0	0.913793	265857.0	0.996776
2020-09-04	369000.0	301000.0	1000.0	0.815718	302279.0	0.995769
2020-09-05	602000.0	502000.0	1000.0	0.833887	558500.0	0.898836
2020-09-06	655000.0	568000.0	1000.0	0.867176	588152.0	0.965737
2020-09-07	287000.0	268000.0	1000.0	0.933798	281777.0	0.951107
2020-09-08	268000.0	248000.0	1500.0	0.925373	249000.0	0.995984
2020-09-09	243000.0	279000.0	1500.0	1.148148	286000.0	0.975524
2020-09-10	251000.0	250000.0	1500.0	0.996016	265000.0	0.943396

7日分ずらしたデータフレーム追加

今年の売上の this year sales を、前週の売上 last week sales で割ります。

これを last week per としてデータフレームに追加しましょう。

```
df_this_year['last week per'] = df_this_year['this year sales'] /
df_this_year['last week sales']
df_this_year
```

	last year sales	this year sales	cost	last year per	last week sales	last week per
date						
2020-08-25	NaN	254364.0	1000.0	NaN	NaN	NaN
2020-08-26	NaN	286343.0	1000.0	NaN	NaN	NaN
2020-08-27	NaN	265857.0	1000.0	NaN	NaN	NaN
2020-08-28	370193.0	302279.0	1000.0	0.816544	NaN	NaN
2020-08-29	604558.0	558500.0	1000.0	0.923815	NaN	NaN
2020-08-30	451000.0	588152.0	1000.0	1.304106	NaN	NaN
2020-08-31	313000.0	281777.0	1000.0	0.900246	NaN	NaN
2020-09-01	298000.0	249000.0	1000.0	0.835570	254364.0	0.978912
2020-09-02	310000.0	286000.0	1000.0	0.922581	286343.0	0.998802

前週比を追加

●日付で条件抽出

9 月 1 日から今日までのデータに絞ってみます。日付の絞り方は不等号を使います。今日の日付を入れた変数 today（2020 年 9 月 14 日）よりも後の日付が True として返ってきます。

これを比較するには、today を Pandas の datetime 型に変換する必要があります。

```
df_this_year.index >= pd.to_datetime(today)
```

```
array([False, False, False, False, False, False, False, False,
False,
       False, False, False, False, False, False, False, False,
False,
       False, False,  True,  True,  True,  True,  True,  True,
True,
        True,  True,  True,  True,  True,  True,  True,  True,
True,
        True])
```

9月14日以降がTrue

月初以上、今日未満を抽出しましょう。つまり、2020 年 9 月 1 日以上、2020 年 9 月 14 日未満という条件です。

「&」で結ぶことで、両者に一致するデータのみが返ってきます。

これを df_this_year のデータフレームとして角括弧でくくります。

```
df_this_year = df_this_year[(df_this_year.index >= pd.to_
datetime(month_start)) & (df_this_year.index < pd.to_
datetime(today))]
df_this_year
```

date	last year sales	this year sales	cost	last year per	last week sales	last week per
2020-09-01	298000.0	249000.0	1000.0	0.835570	254364.0	0.978912
2020-09-02	310000.0	286000.0	1000.0	0.922581	286343.0	0.998802
2020-09-03	290000.0	265000.0	1000.0	0.913793	265857.0	0.996776
2020-09-04	369000.0	301000.0	1000.0	0.815718	302279.0	0.995769
2020-09-05	602000.0	502000.0	1000.0	0.833887	558500.0	0.898836
2020-09-06	655000.0	568000.0	1000.0	0.867176	588152.0	0.965737
2020-09-07	287000.0	268000.0	1000.0	0.933798	281777.0	0.951107
2020-09-08	268000.0	248000.0	1500.0	0.925373	249000.0	0.995984
2020-09-09	243000.0	279000.0	1500.0	1.148148	286000.0	0.975524
2020-09-10	251000.0	250000.0	1500.0	0.996016	265000.0	0.943396
2020-09-11	276000.0	321000.0	1500.0	1.163043	301000.0	1.066445
2020-09-12	420700.0	511000.0	1500.0	1.214642	502000.0	1.017928
2020-09-13	478800.0	583000.0	1500.0	1.217627	568000.0	1.026408

9月1日以上9月14日未満

●棒グラフ作成

ここでは 2020 年 9 月 13 日と、前年、前週を比較した棒グラフを作成します。 グラフ化には matplotlib を使います。

```
import matplotlib.pyplot as plt
%matplotlib inline

# グラフのサイズ指定
plt.figure(figsize=(10,7))

# 今年のデータ
x1 = [1,2]
y1 = [df_this_year.loc['2020-09-13', 'this year sales'], df_this_
```

```
year.loc['2020-09-13', 'this year sales']]

# 去年のデータ
x2 = [1.2]
y2 = [df_this_year.loc['2020-09-13', 'last year sales']]

# 先週のデータ
x3 = [2.2]
y3 = [df_this_year.loc['2020-09-13', 'last week sales']]

# 棒グラフの作成
plt.bar(x1, y1, color='#F7D238', label='this year', width=0.2,
align='center')
plt.bar(x2, y2, color='#295C82', label='last year', width=0.2,
align='center')
plt.bar(x3, y3, color='#6D9ED8', label='last week', width=0.2,
align='center')

# x 軸ラベルの設定
label_x = ['this year/last year', 'this week/last week']
plt.xticks([1.15, 2.15], label_x)

# 凡例の設定
plt.legend(fontsize=25, loc='upper center')

# グラフ保存
plt.savefig('graph01.png', dpi=60)
```

コードの説明をします。

matplotlib を使って、データを可視化します。

%matplotlib inline は、グラフを notebook 上に表示させるための記述です。

```
import matplotlib.pyplot as plt
%matplotlib inline
```

まず、figure メソッドの引数 figsize でグラフのサイズを指定します。

10 が横の長さ、7 が縦の長さです。

```
plt.figure(figsize=(10,7))
```

棒グラフの位置を x、高さを y で設定します。

x1 は、今年のデータを x 軸の 1 と 2 の位置に配置する記述です。y1 には今年の売上を指定します。

loc を使うことで index と列名を指定し、特定のデータをグラフにすることができます。

今年のデータを去年と先週に並べて 2 箇所に表示させたいので、y1 には 2 つ分同じ記述をします。

```
x1 = [1,2]
y1 = [df_this_year.loc['2020-09-13', 'this year sales'], df_this_
year.loc['2020-09-13', 'this year sales']]
```

x2、y2 には、去年のデータを設定します。

x2 は、x 軸の 1 の位置にある x1 から 0.2 だけずらした 1.2 とします。

```
x2 = [1.2]
y2 = [df_this_year.loc['2020-09-13', 'last year sales']]
```

y2 は、y1 と同様の方法で記述します。

棒グラフは bar メソッドで作成します。

color や width といった引数で、棒グラフの色や太さを指定します。

```
plt.bar(x1, y1, color='#F7D238', label='this year', width=0.2,
align='center')
```

xticks では、x 軸のラベルを設定します。

変数 label_x に表示させる棒グラフの名前を記述しておき、xticks の引数に渡します。

```
label_x = ['this year/last year', 'this week/last week']
plt.xticks([1.15, 2.15], label_x)
```

これは、凡例の設定です。

フォントサイズと位置を指定します。

```
plt.legend(fontsize=25, loc='upper center')
```

最後に、グラフを保存する記述です。

png 形式の画像が出力されます。

dpi で解像度も設定できます。

```
plt.savefig('graph01.png', dpi=60)
```

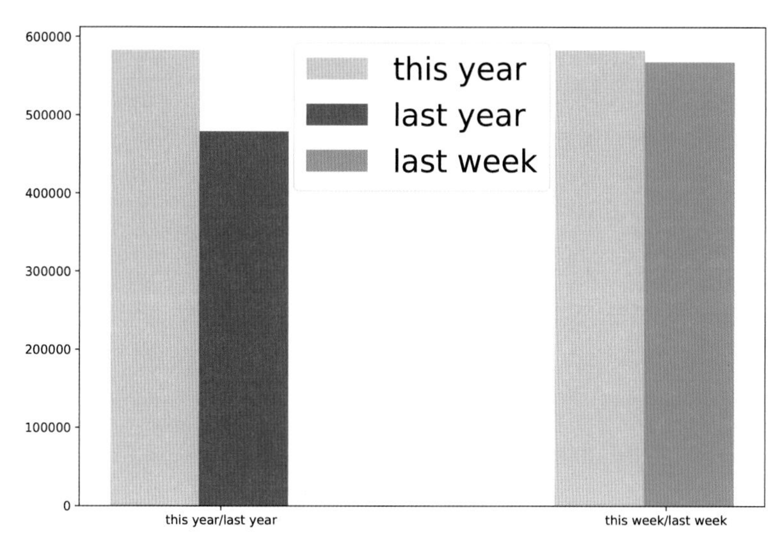

棒グラフ

グラフから、去年よりも売上が伸びていて、先週よりも微増していることが読み取れますね。

●線グラフ作成

次に線グラフを描いてみましょう。

```
# グラフのサイズ指定
plt.figure(figsize=(10,7))

# 日付を x 軸に設定
x = df_this_year.index

# y 軸の設定
y1 = df_this_year['this year sales']  # 今週のデータ
y2 = df_this_year['last year sales']  # 先週のデータ
y3 = df_this_year['last week sales']  # 去年のデータ
```

```
# 線グラフの作成
plt.plot(x, y1, color='#F7D238', label='this year', linewidth='5')
plt.plot(x, y2, color='#295C82', label='last year')
plt.plot(x, y3, color='#6D9ED8', label='last week')

# 凡例の設定
plt.legend(fontsize=25, loc='upper left')

# グラフ保存
plt.savefig('graph02.png', dpi=60)
```

線グラフの x 軸は日付とします。

データフレームのインデックスが日付なので、変数 x に代入しておきます。

```
x = df_this_year.index
```

今週のデータとして、データフレームの中の this year sales というカラムを y1 に代入します。

y2、y3 に関しても同様に記述します。

```
y1 = df_this_year['this year sales']
y2 = df_this_year['last year sales']
y3 = df_this_year['last week sales']
```

線グラフは plot メソッドで作成します。

第一引数に x 軸の値、第 2 引数に y 軸の値です。

色や線の太さも設定します。 これを 3 つ分記述しましょう。

```
plt.plot(x, y1, color='#F7D238', label='this year', linewidth='5')
plt.plot(x, y2, color='#295C82', label='last year')
plt.plot(x, y3, color='#6D9ED8', label='last week')
```

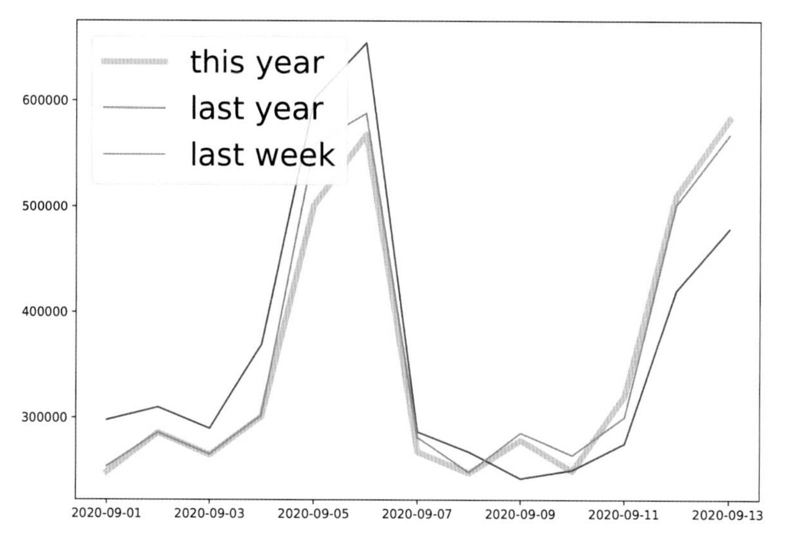

線グラフ

3-2　重回帰分析

それでは、いよいよ予測分析です。

この重回帰分析は、機械学習における基礎的な部分です。

細かい理屈よりも、使い方をイメージし、簡単に使えることを理解していただきたいと思います。

重回帰分析よりもシンプルなものとして、単回帰分析があります。

単回帰分析は予測に使うデータの種類が 1 種類だけの分析手法のことです。

一方、重回帰分析は、予測に使うデータが 2 種類以上の分析手法をいいます。

● Excel データの読み込み

まず、2019 年と 2020 年のデータを読み込みます。

```
df_201909 = pd.read_excel(import_file, sheet_name=excel_
sheetname01, index_col='date')
df_201909 = df_201909[['sales', 'cost']]
```

```
df_202009 = pd.read_excel(import_file, sheet_name=excel_
sheetname02, index_col='date')
df_202009 = df_202009[['sales', 'cost']]
```

読み込んだExcelのデータを、Pandasのconcat関数で上下に結合させます。

結合させたいデータフレームを角括弧の中に記述します。

これを、変数df_concatに代入しておきましょう。

```
df_concat = pd.concat([df_201909, df_202009])
df_concat
```

	sales	cost
date		
2019-08-30	370193.0	10000.0
2019-08-31	604558.0	11000.0
2019-09-01	451000.0	3500.0
2019-09-02	313000.0	8000.0
2019-09-03	298000.0	9000.0
...	...	...
2020-09-26	NaN	NaN
2020-09-27	NaN	NaN
2020-09-28	NaN	NaN
2020-09-29	NaN	NaN
2020-09-30	NaN	NaN

69 rows × 2 columns

結合したデータフレーム

date	sales	cost	
2019-09-01	451,000	3,500	日
2019-09-02	313,000	8,000	月
2019-09-03	298,000	9,000	火
2019-09-04	310,000	11,000	水
2019-09-05	290,000	8,000	木
2019-09-06	369,000	11,000	金
2019-09-07	602,000	12,000	土
2019-09-08	655,000	13,000	日
2019-09-09	287,000	2,000	月

週末に売上多い

Excelのデータを見ると、週末に売上が伸びているようですね。

これを、予測するデータに使います。インデックスに設定した日付から曜日を取得します。

day_nameメソッドで、英語表記の曜日が取得できます。

```
df_concat['weekday_name'] = df_concat.index.day_name()
df_concat
```

	sales	cost	weekday_name
date			
2019-08-30	370193.0	10000.0	Friday
2019-08-31	604558.0	11000.0	Saturday
2019-09-01	451000.0	3500.0	Sunday
2019-09-02	313000.0	8000.0	Monday
2019-09-03	298000.0	9000.0	Tuesday
...	...	...	...
2020-09-26	NaN	NaN	Saturday
2020-09-27	NaN	NaN	Sunday
2020-09-28	NaN	NaN	Monday
2020-09-29	NaN	NaN	Tuesday
2020-09-30	NaN	NaN	Wednesday

69 rows × 3 columns

曜日が追加されたデータフレーム

しかし、出力されたデータフレームの中にデータの入っていないNaNがあります。

これを次の記述で削除しましょう。欠損値の削除には、dropnaメソッドを使います。

```
df_concat = df_concat.dropna()
```

groupbyメソッドを使って、曜日ごとの売上の平均値を算出します。

```
df_201909_weekdayname = df_concat[['weekday_name', 'sales']].
groupby('weekday_name').mean()
df_201909_weekdayname
```

	sales
weekday_name	
Friday	325759.000000
Monday	310111.000000
Saturday	539694.750000
Sunday	569869.000000
Thursday	258122.428571
Tuesday	260909.142857
Wednesday	265906.142857

曜日ごとにグルーピング

曜日ごとの売上の平均値を棒グラフにしてみます。

```
plt.bar(df_201909_weekdayname.index, df_201909_
weekdayname['sales'])
```

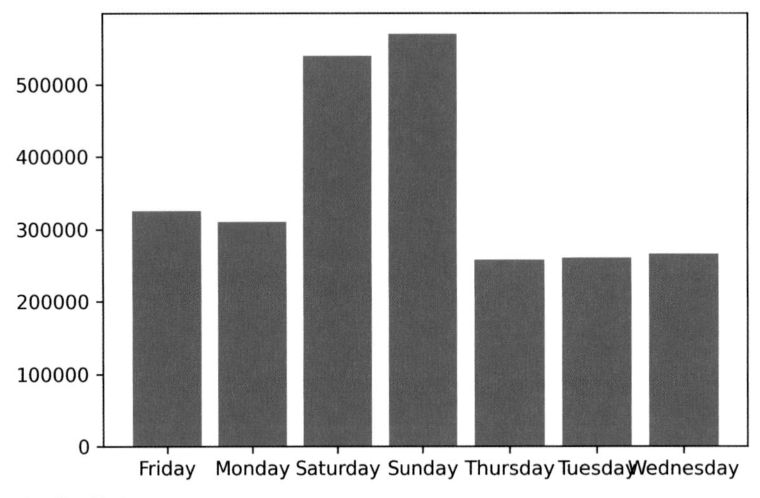

曜日ごとの棒グラフ

やはり、Saturday と Sunday の売上が多いようですね。

●散布図と回帰直線の作成

ここでは、seaborn をインポートしましょう。

seaborn は、matplotlib をもとに作られた可視化ライブラリです。

matplotlib ではできないような可視化や美しいグラフを作成することができます。線グラフや棒グラフの他に円グラフ、ヒストグラム、箱ひげ図、3D グラフまで描くことができます。また、回帰直線や相関図なども簡単に作成できます。ここでは、売上とコストのデータで回帰直線を表示させてみましょう。

```
import seaborn as sns
```

```
sns.regplot(x=df_concat['cost'], y=df_concat['sales'], data=df_
concat)
```

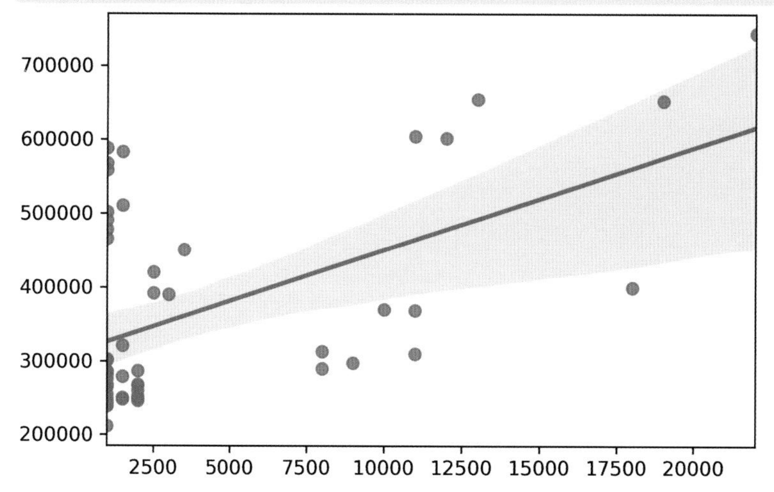

回帰直線グラフ

コストと売上の散布図の中心を通る回帰直線が表示されます。

ここでの回帰直線とは、コストごとの売上の平均値です。

回帰直線が右肩上がりになっているので、コストをかけるほど売上が上がることを示しています。

コストも売上に影響していることがわかりました。

従って、今回の重回帰分析では曜日とコストを予測に使うデータとします。

ただし、予測のために使えるデータがそれほど多くないため、曜日ではなく週末と平日に分けて、それらを予測に使うデータとしましょう。

●平日と週末のカラムの作成（関数の作成）

曜日を平日と週末にわけてみます。そのために def を使って関数を定義します。

今回は、関数名を find_weekend とします。

weekday_name というカラムのデータが Saturday または Sunday の場合に weekend を、その他の場合は weekday と返す関数です。

```
# 曜日を週末と平日に分ける関数作成
def find_weekend(weekday_name):
    if (weekday_name == 'Saturday') or (weekday_name == 'Sunday'):
        return 'weekend'
    else:
        return 'weekday'
```

関数で返された結果を、weekendという新たなカラムに代入します。

```
df_concat['weekend'] = df_concat['weekday_name'].apply(find_
weekend)
df_concat.head()
```

date	sales	cost	weekday_name	weekend
2019-08-30	370193.0	10000.0	Friday	weekday
2019-08-31	604558.0	11000.0	Saturday	weekend
2019-09-01	451000.0	3500.0	Sunday	weekend
2019-09-02	313000.0	8000.0	Monday	weekday
2019-09-03	298000.0	9000.0	Tuesday	weekday

weekendカラム追加

●不要なカラムを削除

ここからはweekday_nameのカラムは使用しないので、dropメソッドで削除します。

```
df_concat = df_concat.drop(columns='weekday_name', axis=1)
df_concat.head()
```

date	sales	cost	weekend
2019-08-30	370193.0	10000.0	weekday
2019-08-31	604558.0	11000.0	weekend
2019-09-01	451000.0	3500.0	weekend
2019-09-02	313000.0	8000.0	weekday
2019-09-03	298000.0	9000.0	weekday

●ダミー変数の作成

重回帰分析を行うために、sklearnをインポートします。

sklearnとは、scikit-learnという様々な機械学習ができる便利なライブラリです。

sklearnのlinear_modelの中から、LinearRegressionをインポートします。

```
import sklearn
from sklearn.linear_model import LinearRegression
```

重回帰分析の予測に使うデータは、数字でなければなりません。

しかし、weekendやweekdayは文字列ですね。

したがって、このままでは重回帰分析の予測に使うことができません。

そこで**ダミー変数**という手法を使います。

ダミー変数とは、文字などの数字ではないデータを、数字に変換する手法のことです。

数字ではないデータを「0」か「1」の数字に変換します。

Pandasのget_dummies関数を使ってダミー変数を作成します。

引数にダミー変数を作成するデータフレームを指定します。

```
df_201909_dummies = pd.get_dummies(df_concat)
df_201909_dummies
```

	sales	cost	weekend_weekday	weekend_weekend
date				
2019-08-30	370193.0	10000.0	1	0
2019-08-31	604558.0	11000.0	0	1
2019-09-01	451000.0	3500.0	0	1
2019-09-02	313000.0	8000.0	1	0
2019-09-03	298000.0	9000.0	1	0

ダミー変数作成

●説明変数と目的変数の作成

重回帰分析で予測に使うデータと、予測したいデータを変数に代入します。予測に使うデータを説明変数、予測したいデータのことを目的変数といいます。

ここでの説明変数はsales以外のカラム、目的変数はsalesです。

変数xに、説明変数を代入します。

説明変数はsaleを除くカラムなので、dropメソッドでsalesを削除します。

変数yには、目的変数を代入します。

```
x = df_201909_dummies.drop('sales', axis=1)
y = df_201909_dummies['sales']
```

これで重回帰分析をかける準備は完了しました。

●重回帰分析の実行

LinearRegressionとは、線形回帰モデルのことです。

単回帰や重回帰などを指します。

LinearRegression()で、線形回帰モデルをインスタンス化します。(1)

インスタンス化とは、クラスを使えるようにすることです。つまりLinearRegressionのクラスを使えるようにすることです。

線形回帰モデルを使えようにし、変数modelに代入します。

そして、fit関数にxとyを渡します。(2)

これで予測モデルができあがりました。

```
model = LinearRegression()              ………………………… (1)
model.fit(x,y)                          ………………………… (2)
```

予測の各種データをprint関数で見てみます。

```
print(model.intercept_) # 切片
print(model.coef_)    # 係数
```

```
380096.40087424684
[ 8.83075867e+00 -1.23356689e+05  1.23356689e+05]
```

切片は、売上のベースとなる値です。

coefは、coefficientの略で、係数という意味です。

つまり、説明変数がどのぐらい予測に影響があるのかを示す値です。

df_201909_dummiesのカラムには何があったか確認してみましょう。

予測に使わない、目的変数のsalesが含まれています。

```
df_201909_dummies.columns
```

```
Index(['sales', 'cost', 'weekend_weekday', 'weekend_weekend'],
dtype='object')
```

df_201909_dummiesのカラム

salesのカラムをdropメソッドで削除し、変数featuresに代入します。

```
features = df_201909_dummies.drop('sales', axis=1).columns
features
```

```
Index(['cost', 'weekend_weekday', 'weekend_weekend'],
dtype='object')
```

features

ここまでの結果を、データフレームにしてみましょう。

辞書型で記述しましょう。コロンの前がカラム名、コロンの後が実際のデータです。

```
df_coefficient = pd.DataFrame({'features_name':features,
      'coefficient':model.coef_})
df_coefficient
```

	features_name	coefficient
0	cost	8.830759
1	weekend_weekday	-123356.689351
2	weekend_weekend	123356.689351

データフレーム

この表から、コストを1かけると8.8円売上が上がると読み取れます。

また、重回帰分析の結果、切片で表示された38万円から平日は12万3千円下がり、週末では12万3千円上がるようです。

切片や係数を、変数に代入しておきましょう。

```
y = model.intercept_    # 切片
x_cost = model.coef_[0] # 広告費の係数
x_weekday = model.coef_[1]  # 平日の係数
x_weekend = model.coef_[2]  # 週末の係数
```

●モデルの精度（決定係数）

score メソッドで、モデルの精度を確かめてみます。

1 に近いほど精度が高く、0 に近ければ精度が低いことを意味します。

この数字を決定係数といいます。

予測するものによりますが、0.8 以上あればそれなりの精度と考えて良いでしょう。

```
model.score(x,y)
```

```
0.9127081209775233
```

モデルの精度

●月末の売上予測データの作成

df_this_year のデータフレームには、9 月 13 日までの売上実績値が格納されています。

それでは、14 日から 30 日までの予測数値を加えましょう。

```
df_this_year.tail()
```

	last year sales	this year sales	cost	last year per	last week sales	last week per
date						
2020-09-09	243000.0	279000.0	1500.0	1.148148	286000.0	0.975524
2020-09-10	251000.0	250000.0	1500.0	0.996016	265000.0	0.943396
2020-09-11	276000.0	321000.0	1500.0	1.163043	301000.0	1.066445
2020-09-12	420700.0	511000.0	1500.0	1.214642	502000.0	1.017928
2020-09-13	478800.0	583000.0	1500.0	1.217627	568000.0	1.026408

df_this_year のデータフレーム

まず、9 月 14 日から 9 月 30 日までの日付のデータを作ります。

1 日おきごとのデータを作成するには、Pandas の date_range メソッドを使います。

第一引数に始まりの日付、第二引数に終わりの日付です。

変数 today に 2020 年 9 月 14 日、変数 month_end には 2020 年 9 月 30 日のデータを既に入れましたね。

したがって、start と end の引数にそれぞれ渡します。

freq には 1 日おきを指定する D を渡します。

ちなみに Week の W を渡すと 1 週間ごと、M は月末ごと、Y は年末ごとのデータを作成します。

これを、変数 date_range に代入しておきましょう。

```
date_range = pd.date_range(start=today, end=month_end, freq='D')
date_range
```

```
DatetimeIndex(['2020-09-14', '2020-09-15', '2020-09-16',
'2020-09-17',
               '2020-09-18', '2020-09-19', '2020-09-20',
               '2020-09-21',
               '2020-09-22', '2020-09-23', '2020-09-24',
               '2020-09-25',
               '2020-09-26', '2020-09-27', '2020-09-28',
               '2020-09-29',
               '2020-09-30'],
              dtype='datetime64[ns]', freq='D')
```

9月14日から9月30日までのデータ

作成した日付のデータを使って、データフレームを作成します。

広告費をかけない場合の予測値を this year sales、広告費をかけた場合を this year sales(cost) のカラムとします。

これを変数 df_prediction に代入しておきます。

```
df_prediction = pd.DataFrame(index=date_range,
        columns=['this year sales', 'this year sales(cost)'])
df_prediction
```

	this year sales	this year sales(cost)
2020-09-14	NaN	NaN
2020-09-15	NaN	NaN
2020-09-16	NaN	NaN
2020-09-17	NaN	NaN
2020-09-18	NaN	NaN

データフレーム

曜日のカラムを作成します。

```
df_prediction['weekday_name'] = df_prediction.index.day_name()
df_prediction.head()
```

	this year sales	this year sales(cost)	weekday_name
2020-09-14	NaN	NaN	Monday
2020-09-15	NaN	NaN	Tuesday
2020-09-16	NaN	NaN	Wednesday
2020-09-17	NaN	NaN	Thursday
2020-09-18	NaN	NaN	Friday

曜日を追加したデータフレーム

先ほど定義したfind_weekend関数を使って、weekendかweekdayかを判定します。
結果をweekendというカラムに格納しましょう。

```
df_prediction['weekend'] = df_prediction['weekday_name'].
     apply(find_weekend)
df_prediction.head()
```

	this year sales	this year sales(cost)	weekday_name	weekend
2020-09-14	NaN	NaN	Monday	weekday
2020-09-15	NaN	NaN	Tuesday	weekday
2020-09-16	NaN	NaN	Wednesday	weekday
2020-09-17	NaN	NaN	Thursday	weekday
2020-09-18	NaN	NaN	Friday	weekday

weekday追加したデータフレーム

それでは、平日か週末かによって、売り上げを予測してみましょう。
for文で1日ずつ取り出し、weekendのカラムの要素を取得して、平日か週末かを判断します。
まずはfor文でインデックスを順に表示してみましょう。

```
for index_name in df_prediction.index:
    print(index_name)
```

```
2020-09-14 00:00:00
2020-09-15 00:00:00
2020-09-16 00:00:00
2020-09-17 00:00:00
2020-09-18 00:00:00
2020-09-19 00:00:00
2020-09-20 00:00:00
2020-09-21 00:00:00
2020-09-22 00:00:00
2020-09-23 00:00:00
2020-09-24 00:00:00
2020-09-25 00:00:00
2020-09-26 00:00:00
2020-09-27 00:00:00
2020-09-28 00:00:00
2020-09-29 00:00:00
2020-09-30 00:00:00
```

インデックスリスト

for 文で、順に取り出したインデックス、weekend のカラムを loc メソッドで指定します。これで、平日か週末かを取得し、判定できます。

```
for index_name in df_prediction.index:
    print(df_prediction.loc[index_name, 'weekend'])
```

```
weekday
weekday
weekday
weekday
weekday
weekend
weekend
weekday
weekday
```

```
weekday
weekday
weekday
weekend
weekend
weekday
weekday
weekday
```

for文で取得したweekend

では、広告費用をかけない場合と、広告費用に 10000 円かけた場合の予測値を算出してみましょう。変数 cost に 10000 を代入します。

```
cost = 10000
```

this year sales には広告費用をかけない場合の予測値、this year sales(cost) には週末だけ広告費用をかけた場合の予測結果を代入します（1）。

if 文を使って、指定したセルが weekend だった場合の条件分岐をつくります。

広告費用をかけない場合は、0 をかけることで、広告費用の効果を無しとします（2）。　広告費用に 10000 円かける場合は、これに広告費用の係数をかけて算出します。それぞれ、this year sales、this year sales(cost) に代入します（3）。

else 以下には、weekday だった場合の記述をいます。平日は切片の y に平日の係数を足し、同様の計算をします。

```
for index_name in  df_prediction.index:
    if df_prediction.loc[index_name, 'weekend'] == 'weekend': …… (1)
        df_prediction.loc[index_name, 'this year sales'] = y
        + x_weekend + x_cost * 0                          ………… (2)
        df_prediction.loc[index_name, 'this year sales(cost)'] = y
        * x_weekend + x_cost * cost                       ………… (3)
    else:
        df_prediction.loc[index_name, 'this year sales'] = y
        + x_weekday + x_cost * 0
        df_prediction.loc[index_name, 'this year sales(cost)'] = y
        + x_weekday + x_cost * cost
```

```
df_prediction
```

	this year sales	this year sales(cost)	weekday_name	weekend
2020-09-14	256740	345047	Monday	weekday
2020-09-15	256740	345047	Tuesday	weekday
2020-09-16	256740	345047	Wednesday	weekday
2020-09-17	256740	345047	Thursday	weekday
2020-09-18	256740	345047	Friday	weekday

予測値が追加されたデータフレーム

weekday_name と weekend のカラムは使用しないので、drop メソッドで削除します。

```
df_prediction = df_prediction.drop(columns=['weekday_name',
'weekend'])
df_prediction.head(7)
```

	this year sales	this year sales(cost)
2020-09-14	256740	345047
2020-09-15	256740	345047
2020-09-16	256740	345047
2020-09-17	256740	345047
2020-09-18	256740	345047
2020-09-19	503453	591761
2020-09-20	503453	591761

drop メソッドで weekday_name と weekend を削除

予測したデータフレームとつなげるために、実績値の df_this_year に this year sales(cost) のカラムを作成し、this year sales と同じ実績値を代入します。

```
df_this_year['this year sales(cost)'] = df_this_year['this year
sales']
df_this_year
```

	last year sales	this year sales	cost	last year per	last week sales	last week per	this year sales (cost)
date							
2020-09-01	298000.0	249000.0	1000.0	0.835570	254364.0	0.978912	249000.0
2020-09-02	310000.0	286000.0	1000.0	0.922581	286343.0	0.998802	286000.0
2020-09-03	290000.0	265000.0	1000.0	0.913793	265857.0	0.996776	265000.0
2020-09-04	369000.0	301000.0	1000.0	0.815718	302279.0	0.995769	301000.0
2020-09-05	602000.0	502000.0	1000.0	0.833887	558500.0	0.898836	502000.0
2020-09-06	655000.0	568000.0	1000.0	0.867176	588152.0	0.965737	568000.0
2020-09-07	287000.0	268000.0	1000.0	0.933798	281777.0	0.951107	268000.0
2020-09-08	268000.0	248000.0	1500.0	0.925373	249000.0	0.995984	248000.0
2020-09-09	243000.0	279000.0	1500.0	1.148148	286000.0	0.975524	279000.0
2020-09-10	251000.0	250000.0	1500.0	0.996016	265000.0	0.943396	250000.0
2020-09-11	276000.0	321000.0	1500.0	1.163043	301000.0	1.066445	321000.0
2020-09-12	420700.0	511000.0	1500.0	1.214642	502000.0	1.017928	511000.0
2020-09-13	478800.0	583000.0	1500.0	1.217627	568000.0	1.026408	583000.0

concat メソッドを使って、実績値と予測値を上下に結合します。9 月分のデータができました。これを、変数 df_this_year に代入します。

```
df_this_year = pd.concat([df_this_year, df_prediction], sort=False)
df_this_year
```

カラム名を並び替えます。

```
df_this_year = df_this_year[['this year sales',
               'this year sales(cost)', 'cost', 'last week per',
               'last week sales', 'last year per',
               'last year sales']]
df_this_year
```

	this year sales	this year sales (cost)	cost	last week per	last week sales	last year per	last year sales
2020-09-01	249000	249000	1000.0	0.978912	254364.0	0.835570	298000.0
2020-09-02	286000	286000	1000.0	0.998802	286343.0	0.922581	310000.0
2020-09-03	265000	265000	1000.0	0.996776	265857.0	0.913793	290000.0
2020-09-04	301000	301000	1000.0	0.995769	302279.0	0.815718	369000.0
2020-09-05	502000	502000	1000.0	0.898836	558500.0	0.833887	602000.0

カラムを並び替えたデータフレーム

今月の売上合計予想を算出します。

```
prediction = int(df_this_year['this year sales'].sum())
prediction
```

```
9982428
```

prediction

広告費にコストをかけた場合についても同様です。

```
prediction_cost = int(df_this_year['this year sales(cost)'].sum())
prediction_cost
```

```
11483657
```

prediction_cost

つまり、広告費をかけなければ998万円の売上予想になります。
一方、広告費にコスト1万円をかければ1148万円の売上になると予測ができました。
コストをかけないで売上予算を達成したい場合や、コストをかけてでも売上予算を達成したい場合に、このような指標が非常に参考になるかもしれません。

● Excelシートにデータを書き出す

openpyxlは、PythonからExcelを操作するためのライブラリです。インストールはこのコマンドを実行します。

```
!pip install openpyxl
```

シートの編集に必要なライブラリをインポートします。

- **Font**…フォントのサイズや書体を操作
- **Alignment**…セル内の文字の配置（左寄せ / 中央 / 右寄せ）を操作
- **Colors**…文字の色を操作
- **PatternFill**…セルを塗りつぶす操作
- **Image**…画像を貼り付ける操作

```
import openpyxl
from openpyxl.styles import Font
from openpyxl.styles.alignment import Alignment
from openpyxl.styles import colors
from openpyxl.styles import PatternFill
from openpyxl.drawing.image import Image
```

書き出す Excel ファイル名を変数 export_file に代入しておきます。

```
export_file = 'excel03_after.xlsx'
```

使用するデータフレームを再度確認してみましょう。

```
df_this_year.head()
```

	this year sales	this year sales (cost)	cost	last week per	last week sales	last year per	last year sales
2020-09-01	249000	249000	1000.0	0.978912	254364.0	0.835570	298000.0
2020-09-02	286000	286000	1000.0	0.998802	286343.0	0.922581	310000.0
2020-09-03	265000	265000	1000.0	0.996776	265857.0	0.913793	290000.0
2020-09-04	301000	301000	1000.0	0.995769	302279.0	0.815718	369000.0
2020-09-05	502000	502000	1000.0	0.898836	558500.0	0.833887	602000.0

使用するデータフレーム

to_excel メソッドで、データフレームを Excel に書き出すことができます。

```
df_this_year.to_excel(export_file)
```

	A	B	C	D	E	F	G	H
1		this year sales	this year sales(cost)	cost	last week per	last week sales	last year per	last year sales
2	2020-09-01 00:00:00	249000	249000	1000	0.97891211	254364	0.83557047	298000
3	2020-09-02 00:00:00	286000	286000	1000	0.998802136	286343	0.922580645	310000
4	2020-09-03 00:00:00	265000	265000	1000	0.996776463	265857	0.913793103	290000
5	2020-09-04 00:00:00	301000	301000	1000	0.99576881	302279	0.815718157	369000
6	2020-09-05 00:00:00	502000	502000	1000	0.898836168	558500	0.833887043	602000
7	2020-09-06 00:00:00	568000	568000	1000	0.965736748	588152	0.867175573	655000
8	2020-09-07 00:00:00	268000	268000	1000	0.951106726	281777	0.933797909	287000
9	2020-09-08 00:00:00	248000	248000	1500	0.995983936	249000	0.925373134	268000
10	2020-09-09 00:00:00	279000	279000	1500	0.975524476	286000	1.148148148	243000
11	2020-09-10 00:00:00	250000	250000	1500	0.943396226	265000	0.996015936	251000
12	2020-09-11 00:00:00	321000	321000	1500	1.066445183	301000	1.163043478	276000
13	2020-09-12 00:00:00	511000	511000	1500	1.017928287	502000	1.214642263	420700
14	2020-09-13 00:00:00	583000	583000	1500	1.026408451	568000	1.217627402	478800
15	2020-09-14 00:00:00	256739.7115	256739.7115					
16	2020-09-15 00:00:00	256739.7115	256739.7115					
17	2020-09-16 00:00:00	256739.7115	256739.7115					
18	2020-09-17 00:00:00	256739.7115	256739.7115					
19	2020-09-18 00:00:00	256739.7115	256739.7115					
20	2020-09-19 00:00:00	503453.0902	591760.6769					
21	2020-09-20 00:00:00	503453.0902	591760.6769					
22	2020-09-21 00:00:00	256739.7115	256739.7115					
23	2020-09-22 00:00:00	256739.7115	256739.7115					
24	2020-09-23 00:00:00	256739.7115	256739.7115					
25	2020-09-24 00:00:00	256739.7115	256739.7115					
26	2020-09-25 00:00:00	256739.7115	256739.7115					
27	2020-09-26 00:00:00	503453.0902	591760.6769					
28	2020-09-27 00:00:00	503453.0902	591760.6769					
29	2020-09-28 00:00:00	256739.7115	256739.7115					
30	2020-09-29 00:00:00	256739.7115	256739.7115					
31	2020-09-30 00:00:00	256739.7115	256739.7115					

データフレームが書き込まれたExcelファイル

load_workbook メソッドで、Excel ファイルを読み込みます。

また、worksheets には最初の Excel シートを指定するので 0 と記述します。

```
workbook = openpyxl.load_workbook(export_file)
worksheet = workbook.worksheets[0]
```

●フォントの変更

Font 関数を使って、フォントを変更します。

Excel データのフォントをメイリオ、サイズを 14 とします。

分析やレポーティングでのフォントはメイリオがおすすめです。

変数 sheet_range には、フォントを変更するセル範囲を指定して代入します。

sheet_range には、指定した範囲のデータがタプル型で格納されています。

```
font = Font(name='メイリオ', size=14)
sheet_range = worksheet['A1':'H31']
sheet_range
```

```
((<Cell 'Sheet1'.A1>,
  <Cell 'Sheet1'.B1>,
  <Cell 'Sheet1'.C1>,
  <Cell 'Sheet1'.D1>,
  <Cell 'Sheet1'.E1>,
  <Cell 'Sheet1'.F1>,
  <Cell 'Sheet1'.G1>,
  <Cell 'Sheet1'.H1>),
 (<Cell 'Sheet1'.A2>,
  <Cell 'Sheet1'.B2>,
  <Cell 'Sheet1'.C2>,
  <Cell 'Sheet1'.D2>,
  <Cell 'Sheet1'.E2>,
  <Cell 'Sheet1'.F2>,
  <Cell 'Sheet1'.G2>,
  <Cell 'Sheet1'.H2>),
```

sheet_rangeの中身

タプルとは、リストや辞書型と同じように複数の要素を持ち、一方でリストなどとは違い、追加・変更・削除ができないデータ型の一種です。

このデータには、セルの場所が行ごとに区切られて格納されています。

2 次元配列のようになっているので、for 文の中に for 文を入れる構造で、セルを操作します。

この構造のことを **for 文のネスト**といいます。

sheet_range に格納されたデータを、1 つずつ row に入れてデータが無くなるまで繰り返します。

row には行ごとにデータがまとまって格納されます。

さらに、row のデータを 1 つずつ cell に入れます。

ここでセルごとにデータが格納されます。

最後に、フォントやフォントサイズをセルに適用します。

```
for row in sheet_range:
    for cell in row:
        print(cell)
        worksheet[cell.coordinate].font = font
```

```
<Cell 'Sheet1'.A1>
<Cell 'Sheet1'.B1>
<Cell 'Sheet1'.C1>
<Cell 'Sheet1'.D1>
<Cell 'Sheet1'.E1>
<Cell 'Sheet1'.F1>
<Cell 'Sheet1'.G1>
<Cell 'Sheet1'.H1>
<Cell 'Sheet1'.A2>
<Cell 'Sheet1'.B2>
<Cell 'Sheet1'.C2>
<Cell 'Sheet1'.D2>
<Cell 'Sheet1'.E2>
<Cell 'Sheet1'.F2>
<Cell 'Sheet1'.G2>
<Cell 'Sheet1'.H2>
<Cell 'Sheet1'.A3>
```

for文の結果

一度ファイルを保存して、フォントが変更されたか確認してみましょう。save メソッドで、Excel ファイルを保存できます。

```
workbook.save(export_file)
```

	A	B	C	D	E	F	G	H
1		this year sales	this year sales(cost)	cost	last week per	last week sales	last year per	last year sales
2	2020-09-01 00:00:00	249000	249000	1000	0.97891211	254364	0.83557047	298000
3	2020-09-02 00:00:00	286000	286000	1000	0.998802136	286343	0.922580645	310000
4	2020-09-03 00:00:00	265000	265000	1000	0.996776463	265857	0.913793103	290000
5	2020-09-04 00:00:00	301000	301000	1000	0.99576881	302279	0.815718157	369000
6	2020-09-05 00:00:00	502000	502000	1000	0.898836168	558500	0.833887043	602000
7	2020-09-06 00:00:00	568000	568000	1000	0.965736748	588152	0.867175573	655000
8	2020-09-07 00:00:00	268000	268000	1000	0.951106726	281777	0.933797909	287000
9	2020-09-08 00:00:00	248000	248000	1500	0.995983936	249000	0.925373134	268000
10	2020-09-09 00:00:00	279000	279000	1500	0.975524476	286000	1.148148148	243000
11	2020-09-10 00:00:00	250000	250000	1500	0.943396226	265000	0.996015936	251000
12	2020-09-11 00:00:00	321000	321000	1500	1.066445183	301000	1.163043478	276000
13	2020-09-12 00:00:00	511000	511000	1500	1.017928287	502000	1.214642263	420700
14	2020-09-13 00:00:00	583000	583000	1500	1.026408451	568000	1.217627402	478800
15	2020-09-14 00:00:00	256739.7115	345047.2982					
16	2020-09-15 00:00:00	256739.7115	345047.2982					
17	2020-09-16 00:00:00	256739.7115	345047.2982					
18	2020-09-17 00:00:00	256739.7115	345047.2982					
19	2020-09-18 00:00:00	256739.7115	345047.2982					
20	2020-09-19 00:00:00	503453.0902	591760.6769					
21	2020-09-20 00:00:00	503453.0902	591760.6769					
22	2020-09-21 00:00:00	256739.7115	345047.2982					
23	2020-09-22 00:00:00	256739.7115	345047.2982					
24	2020-09-23 00:00:00	256739.7115	345047.2982					
25	2020-09-24 00:00:00	256739.7115	345047.2982					
26	2020-09-25 00:00:00	256739.7115	345047.2982					
27	2020-09-26 00:00:00	503453.0902	591760.6769					
28	2020-09-27 00:00:00	503453.0902	591760.6769					
29	2020-09-28 00:00:00	256739.7115	345047.2982					
30	2020-09-29 00:00:00	256739.7115	345047.2982					
31	2020-09-30 00:00:00	256739.7115	345047.2982					

フォントが変更されたExcelシート

●セルを塗りつぶす

PatternFill関数を使って、セルに色を付けます。

引数patternTypeには塗りつぶしを意味するsolidを指定します。

さらに、fgColorとbgColorの両方記述しないと色が変わらないので注意しましょう。

そして、for文を使ってセルを塗りつぶします。

inの後ろには、塗りつぶすセルを記述します。

```
fill = openpyxl.styles.PatternFill(patternType='solid',
fgColor='295C82', bgColor='295C82')
for col in ['A1', 'B1', 'C1', 'D1', 'E1', 'F1', 'G1', 'H1']:
    worksheet[col].fill = fill
```

```
workbook.save(export_file)
```

	A	B	C	D	E	F	G	H
1		this year sales	this year sales(cost)	cost	last week per	last week sales	last year per	last year sales
2	2020-09-01 00:00:00	249000	249000	1000	0.97891211	254364	0.83557047	298000
3	2020-09-02 00:00:00	286000	286000	1000	0.998802136	286343	0.922580645	310000
4	2020-09-03 00:00:00	265000	265000	1000	0.996776463	265857	0.913793103	290000
5	2020-09-04 00:00:00	301000	301000	1000	0.99576881	302279	0.815718157	369000
6	2020-09-05 00:00:00	502000	502000	1000	0.898836168	558500	0.833887043	602000
7	2020-09-06 00:00:00	568000	568000	1000	0.965736748	588152	0.867175573	655000
8	2020-09-07 00:00:00	268000	268000	1000	0.951106726	281777	0.933797909	287000
9	2020-09-08 00:00:00	248000	248000	1500	0.995983936	249000	0.925373134	268000
10	2020-09-09 00:00:00	279000	279000	1500	0.975524476	286000	1.148148148	243000
11	2020-09-10 00:00:00	250000	250000	1500	0.943396226	265000	0.996015936	251000
12	2020-09-11 00:00:00	321000	321000	1500	1.066445183	301000	1.163043478	276000
13	2020-09-12 00:00:00	511000	511000	1500	1.017928287	502000	1.214642263	420700
14	2020-09-13 00:00:00	583000	583000	1500	1.026408451	568000	1.217627402	478800
15	2020-09-14 00:00:00	256739.7115	345047.2982					
16	2020-09-15 00:00:00	256739.7115	345047.2982					
17	2020-09-16 00:00:00	256739.7115	345047.2982					
18	2020-09-17 00:00:00	256739.7115	345047.2982					
19	2020-09-18 00:00:00	256739.7115	345047.2982					
20	2020-09-19 00:00:00	503453.0902	591760.6769					
21	2020-09-20 00:00:00	503453.0902	591760.6769					
22	2020-09-21 00:00:00	256739.7115	345047.2982					
23	2020-09-22 00:00:00	256739.7115	345047.2982					
24	2020-09-23 00:00:00	256739.7115	345047.2982					
25	2020-09-24 00:00:00	256739.7115	345047.2982					
26	2020-09-25 00:00:00	256739.7115	345047.2982					
27	2020-09-26 00:00:00	503453.0902	591760.6769					
28	2020-09-27 00:00:00	503453.0902	591760.6769					
29	2020-09-28 00:00:00	256739.7115	345047.2982					
30	2020-09-29 00:00:00	256739.7115	345047.2982					
31	2020-09-30 00:00:00	256739.7115	345047.2982					

セルが塗りつぶされたExcelシート

●列幅を調整する

ここまでは列の幅を手動で調整しなければならないので、自動でセルの幅が調整されるようにします。列幅を調整したい列を、リストに渡します。 カウンタ変数 col に代入された列は 18、C 列の幅を 24、J 列の幅を 30 とします。

```
for col in ['A', 'B', 'D', 'E', 'F', 'G', 'H', 'K']:
    worksheet.column_dimensions[col].width = 18


worksheet.column_dimensions['C'].width = 24
worksheet.column_dimensions['J'].width = 30


workbook.save(export_file)
```

```
for col in ['B1', 'C1', 'D1', 'E1', 'F1', 'G1', 'H1']:
    worksheet[col].font = Font(name='メイリオ', size=14,
color='FFFFFF')
```

	A	B	C	D	E	F	G	H
1		this year sales	this year sales(cost)	cost	last week per	last week sales	last year per	last year sales
2	2020-09-01 00:00:00	249000	249000	1000	0.97891211	254364	0.83557047	298000
3	2020-09-02 00:00:00	286000	286000	1000	0.998802136	286343	0.922580645	310000
4	2020-09-03 00:00:00	265000	265000	1000	0.996776463	265857	0.913793103	290000
5	2020-09-04 00:00:00	301000	301000	1000	0.99576881	302279	0.815718157	369000
6	2020-09-05 00:00:00	502000	502000	1000	0.898836168	558500	0.833887043	602000
7	2020-09-06 00:00:00	568000	568000	1000	0.965736748	588152	0.867175573	655000
8	2020-09-07 00:00:00	268000	268000	1000	0.951106726	281777	0.933797909	287000
9	2020-09-08 00:00:00	248000	248000	1500	0.995983936	249000	0.925373134	268000
10	2020-09-09 00:00:00	279000	279000	1500	0.975524476	286000	1.148148148	243000
11	2020-09-10 00:00:00	250000	250000	1500	0.943396226	265000	0.996015936	251000
12	2020-09-11 00:00:00	321000	321000	1500	1.066445183	301000	1.163043478	276000
13	2020-09-12 00:00:00	511000	511000	1500	1.017928287	502000	1.214642263	420700
14	2020-09-13 00:00:00	583000	583000	1500	1.026408451	568000	1.217627402	478800
15	2020-09-14 00:00:00	256739.7115	345047.2982					
16	2020-09-15 00:00:00	256739.7115	345047.2982					
17	2020-09-16 00:00:00	256739.7115	345047.2982					
18	2020-09-17 00:00:00	256739.7115	345047.2982					
19	2020-09-18 00:00:00	256739.7115	345047.2982					
20	2020-09-19 00:00:00	503453.0902	591760.6769					
21	2020-09-20 00:00:00	503453.0902	591760.6769					
22	2020-09-21 00:00:00	256739.7115	345047.2982					
23	2020-09-22 00:00:00	256739.7115	345047.2982					
24	2020-09-23 00:00:00	256739.7115	345047.2982					
25	2020-09-24 00:00:00	256739.7115	345047.2982					
26	2020-09-25 00:00:00	256739.7115	345047.2982					
27	2020-09-26 00:00:00	503453.0902	591760.6769					
28	2020-09-27 00:00:00	503453.0902	591760.6769					
29	2020-09-28 00:00:00	256739.7115	345047.2982					
30	2020-09-29 00:00:00	256739.7115	345047.2982					
31	2020-09-30 00:00:00	256739.7115	345047.2982					

フォントの色が変更されたExcelシート

●フォントと色を変更する●書式を変更する

表示のフォーマットを指定します。

2 行目から 31 行目を操作したいので、引数に 2 と 32 を指定します。

column=1 は A 列を意味します。

A 列は日付なので年月日で表示させましょう。

number_format メソッドで、表示のフォーマットを変更できます。

E 列は前週比、G 列は前年比なので、パーセントの形式を代入します。

残りのセルは数値なので、カンマを表示する形式を代入します。

最後に Alignment 関数を書いて、中央寄せの記述をします。

```
for idx in range(2, 32):
    worksheet.cell(row=idx,column=1).number_format = 'yyyy-mm-dd'
    worksheet.cell(row=idx,column=5).number_format = "0%"
    worksheet.cell(row=idx,column=7).number_format = "0%"
    worksheet.cell(row=idx,column=2).number_format = "#,##0"
    worksheet.cell(row=idx,column=3).number_format = "#,##0"
    worksheet.cell(row=idx,column=4).number_format = "#,##0"
    worksheet.cell(row=idx,column=6).number_format = "#,##0"
    worksheet.cell(row=idx,column=8).number_format = "#,##0"
    worksheet.cell(row=idx,column=11).number_format = "#,##0"
    worksheet.cell(row=idx,column=1).alignment = Alignment(
        horizontal='center')
```

```
workbook.save(export_file)
```

	A	B	C	D	E	F	G	H
1		this year sales	this year sales(cost)	cost	last week per	last week sales	last year per	last year sales
2	2020-09-01	249,000	249,000	1,000	98%	254,364	84%	298,000
3	2020-09-02	286,000	286,000	1,000	100%	286,343	92%	310,000
4	2020-09-03	265,000	265,000	1,000	100%	265,857	91%	290,000
5	2020-09-04	301,000	301,000	1,000	100%	302,279	82%	369,000
6	2020-09-05	502,000	502,000	1,000	90%	558,500	83%	602,000
7	2020-09-06	568,000	568,000	1,000	97%	588,152	87%	655,000
8	2020-09-07	268,000	268,000	1,000	95%	281,777	93%	287,000
9	2020-09-08	248,000	248,000	1,500	100%	249,000	93%	268,000
10	2020-09-09	279,000	279,000	1,500	98%	286,000	115%	243,000
11	2020-09-10	250,000	250,000	1,500	94%	265,000	100%	251,000
12	2020-09-11	321,000	321,000	1,500	107%	301,000	116%	276,000
13	2020-09-12	511,000	511,000	1,500	102%	502,000	121%	420,700
14	2020-09-13	583,000	583,000	1,500	103%	568,000	122%	478,800
15	2020-09-14	256,740	345,047					
16	2020-09-15	256,740	345,047					
17	2020-09-16	256,740	345,047					
18	2020-09-17	256,740	345,047					
19	2020-09-18	256,740	345,047					
20	2020-09-19	503,453	46,887,521,954					
21	2020-09-20	503,453	46,887,521,954					
22	2020-09-21	256,740	345,047					
23	2020-09-22	256,740	345,047					
24	2020-09-23	256,740	345,047					
25	2020-09-24	256,740	345,047					
26	2020-09-25	256,740	345,047					
27	2020-09-26	503,453	46,887,521,954					
28	2020-09-27	503,453	46,887,521,954					

書式変更されたExcelシート

●今月の着地予想をシートに追加する

今月の着地予想として広告あり、なしの予測値を追加します。

```
worksheet['J2'].value = "今月着地（広告なし）"
worksheet['J3'].value = "今月着地（広告１万円）"
worksheet['K2'].value = prediction
worksheet['K3'].value = prediction_cost
```

```
workbook.save(export_file)
```

	A	B	C	D	E	F	G	H	I	J	K
1		this year sales	this year sales(cost)	cost	last week per	last week sales	last year per	last year sales			
2	2020-09-01	249,000	249,000	1,000	98%	254,364	84%	298,000		今月着地(広告なし)	9,982,428
3	2020-09-02	286,000	286,000	1,000	100%	286,343	92%	310,000		今月着地(広告1万円)	11,483,657
4	2020-09-03	265,000	265,000	1,000	100%	265,857	91%	290,000			
5	2020-09-04	301,000	301,000	1,000	100%	302,279	82%	369,000			
6	2020-09-05	502,000	502,000	1,000	90%	558,500	83%	602,000			
7	2020-09-06	568,000	568,000	1,000	97%	588,152	87%	655,000			
8	2020-09-07	268,000	268,000	1,000	95%	281,777	93%	287,000			
9	2020-09-08	248,000	248,000	1,500	100%	249,000	93%	268,000			
10	2020-09-09	279,000	279,000	1,500	98%	286,000	115%	243,000			
11	2020-09-10	250,000	250,000	1,500	94%	265,000	100%	251,000			
12	2020-09-11	321,000	321,000	1,500	107%	301,000	116%	276,000			
13	2020-09-12	511,000	511,000	1,500	102%	502,000	121%	420,700			
14	2020-09-13	583,000	583,000	1,500	103%	568,000	122%	478,800			
15	2020-09-14	256,740	345,047								
16	2020-09-15	256,740	345,047								
17	2020-09-16	256,740	345,047								
18	2020-09-17	256,740	345,047								
19	2020-09-18	256,740	345,047								
20	2020-09-19	503,453	591,761								
21	2020-09-20	503,453	591,761								
22	2020-09-21	256,740	345,047								
23	2020-09-22	256,740	345,047								
24	2020-09-23	256,740	345,047								
25	2020-09-24	256,740	345,047								
26	2020-09-25	256,740	345,047								
27	2020-09-26	503,453	591,761								
28	2020-09-27	503,453	591,761								
29	2020-09-28	256,740	345,047								
30	2020-09-29	256,740	345,047								
31	2020-09-30	256,740	345,047								

広告費が追加されたExcelシート

広告費を追加した部分のフォント変更や塗りつぶしをします。

```
for col in ['J2', 'J3', 'K2', 'K3']:
    worksheet[col].font = Font(name='メイリオ', size=14, 
color='FFFFFF')
```

```
workbook.save(export_file)
```

	B	C	D	E	F	G	H	I	J	K
1	this year sales	this year sales(cost)	cost	last week per	last week sales	last year per	last year sales			
2	249,000	249,000	1,000	98%	254,364	84%	298,000		今月着地(広告なし)	9,982,428
3	286,000	286,000	1,000	100%	286,343	92%	310,000		今月着地(広告1万円)	11,483,657
4	265,000	265,000	1,000	100%	265,857	91%	290,000			
5	301,000	301,000	1,000	100%	302,279	82%	369,000			
6	502,000	502,000	1,000	90%	558,500	83%	602,000			
7	568,000	568,000	1,000	97%	588,152	87%	655,000			
8	268,000	268,000	1,000	95%	281,777	93%	287,000			
9	248,000	248,000	1,500	100%	249,000	93%	268,000			
10	279,000	279,000	1,500	98%	286,000	115%	243,000			
11	250,000	250,000	1,500	94%	265,000	100%	251,000			
12	321,000	321,000	1,500	107%	301,000	116%	276,000			
13	511,000	511,000	1,500	102%	502,000	121%	420,700			
14	583,000	583,000	1,500	103%	568,000	122%	478,800			
15	256,740	345,047								
16	256,740	345,047								
17	256,740	345,047								
18	256,740	345,047								
19	256,740	345,047								
20	503,453	591,761								
21	503,453	591,761								
22	256,740	345,047								
23	256,740	345,047								
24	256,740	345,047								
25	256,740	345,047								
26	256,740	345,047								
27	503,453	591,761								
28	503,453	591,761								
29	256,740	345,047								
30	256,740	345,047								
31	256,740	345,047								
32										

広告費の部分が塗りつぶされたExcelシート

●画像を添付する

add_image メソッドを使うと、シートに画像を貼り付けることができます。

引数で、画像を貼り付けるセルの位置を指定します。

```
img1 = Image('graph01.png')
worksheet.add_image(img1, 'I5')
img2 = Image('graph02.png')
worksheet.add_image(img2, 'I19')
```

```
workbook.save(export_file)
```

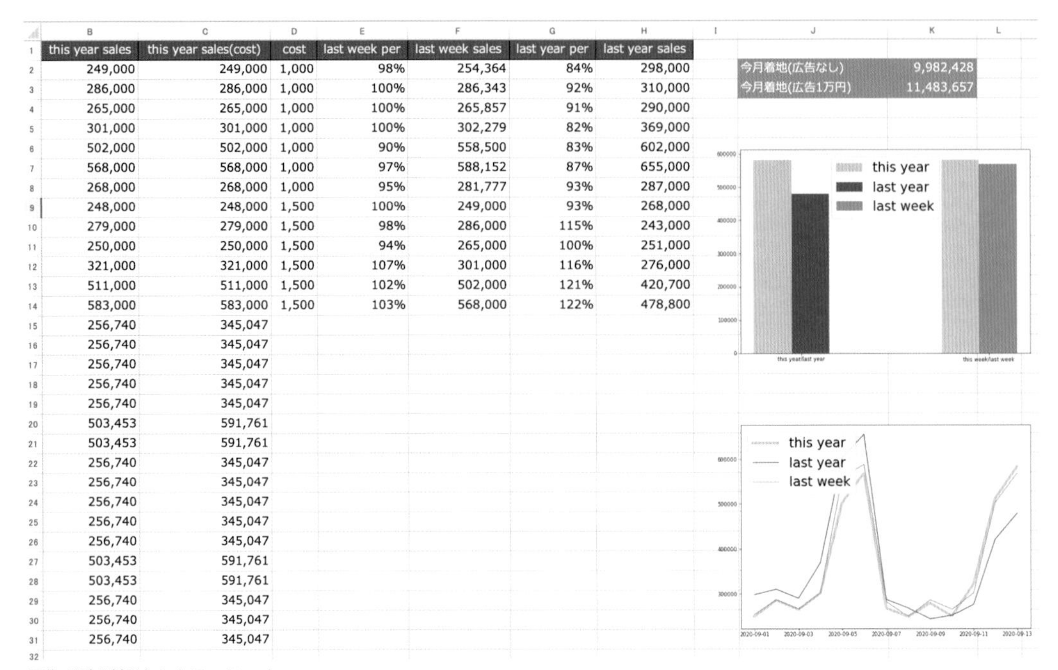

this year sales	this year sales(cost)	cost	last week per	last week sales	last year per	last year sales
249,000	249,000	1,000	98%	254,364	84%	298,000
286,000	286,000	1,000	100%	286,343	92%	310,000
265,000	265,000	1,000	100%	265,857	91%	290,000
301,000	301,000	1,000	100%	302,279	82%	369,000
502,000	502,000	1,000	90%	558,500	83%	602,000
568,000	568,000	1,000	97%	588,152	87%	655,000
268,000	268,000	1,000	95%	281,777	93%	287,000
248,000	248,000	1,500	100%	249,000	93%	268,000
279,000	279,000	1,500	98%	286,000	115%	243,000
250,000	250,000	1,500	94%	265,000	100%	251,000
321,000	321,000	1,500	107%	301,000	116%	276,000
511,000	511,000	1,500	102%	502,000	121%	420,700
583,000	583,000	1,500	103%	568,000	122%	478,800
256,740	345,047					
256,740	345,047					
256,740	345,047					
256,740	345,047					
256,740	345,047					
503,453	591,761					
503,453	591,761					
256,740	345,047					
256,740	345,047					
256,740	345,047					
256,740	345,047					
256,740	345,047					
503,453	591,761					
503,453	591,761					
256,740	345,047					
256,740	345,047					
256,740	345,047					

今月着地(広告なし)	9,982,428
今月着地(広告1万円)	11,483,657

画像が貼り付けられたExcelシート

02 PythonでGmail自動送信

「ここでは、Gmailの自動送信をPythonで実装します。」

「Pythonでメールの送信までもできるんですか。すごい！」

「メールを送信する際、どんなことで面倒だと感じることがありますか？」

「宛先によって宛名を変えないといけないとか…。本文の一部を変更するとか…。」

「なるほど。まさにそういったこともPythonを使えば自動化できます。」

「でも、なんとなく難しそうです。」

「いえ、1つ1つ見ていけば簡単にできますよ。早速、やってみましょう。」

自動化したいケース

あなたは発注担当者です。

毎週、メールの本文にファイルを添付し、担当者の名前、納期などを記載して送っています。

このケースは、お客さまに毎週メーリングリストでおすすめ商品を紹介している場合などにも置き換えて良いでしょう。

これらのケースをExcelのリストを変更するだけで複数人に一斉送信できるようにしましょう。

こういったメール配信は、MarketoやSalesForceなどのツールでも実現可能です。

しかし、導入費用と月額利用料を含めると100万円以上かかることもあります。

個人事業主や小規模事業を営んでいる方であれば少し難しい金額かもしれません。

そのコストをPythonで自作し、浮かせましょう。

毎月100万円のコストを浮かせることができれば、数千万円の売上に相当します。

また、Gmailは会社ドメインを使ったビジネス用メールアドレスを使うこともできます。

まずは、テスト用のGoogleアカウントを用意し、そのアカウントでGmailを配信してみましょう。

それがうまくいけば開発部やシステム部の方と相談をし、セキュリティ面を検討した上で次のステップへ進めば良いと思います。

●モジュールのインポート

必要な以下のモジュールをインポートします。

```
import datetime
import smtplib
import ssl
from email.mime.text import MIMEText
```

それぞれのモジュールは以下のような働きをします。

- **datetime** ……… 日付や時間を取得する。
- **smtplib** ………… メールサーバーを操作し、メールを送信する。ちなみにSMTPとはメールを送信するために使用する通信のルールです。
- **ssl** ……………… 暗号化の仕組みを使う。
- **MIMEText** …… メールを日本語で送信できるようにする。(MIMEとは、「Multipurpose Internet Mail Extensions」の略で、言語や添付ファイルを送信するためのルールです)

次に、エンコードエラーを避けるために、エンコードにutf-8を指定します。

```
import sys, codecs
sys.stdout = codecs.getwriter('utf-8')(sys.stdout)
```

●Gmailアカウントの設定

Gmailの送信に利用するアカウントで設定を行います。

まずGmailアカウントを開きます。

自身のアイコンをクリックします。

gmailアイコン部分

「Google アカウントを管理」をクリック。

Googleアカウントを管理

左のメニューにある「セキュリティ」をクリック。

セキュリティ

セキュリティページの下の方へスクロールします。

「安全性の低いアプリのアクセス」の「アクセスを有効にする（非推奨)」をクリック。

非推奨をクリック

「安全性の低いアプリの許可」を有効化します。

← 安全性の低いアプリのアクセス

一部のアプリやデバイスでは安全性の低いログイン技術が使用されており、アカウントが脆弱になる恐れがあります。こうしたアプリについてはアクセスを無効にすることをおすすめします。有効にする場合は、そのようなリスクをご理解のうえでお使いください。この設定が使用されていない場合は自動的に無効になります。 詳細

安全性の低いアプリの許可: 無効

有効化

これで設定は完了です。なお、このセキュリティの設定変更は、セキュリティ上の危険もありますので、別途セキュリティについて検討するか、本番運用する場合は、Gmail API を使って配信することも検討しましょう。

●メール送信の設定（添付ファイルなし）

メール送信の設定を行います。

gmail のアカウントを変数 gmail_account に代入します。

同じように gmail_password という変数にパスワードを代入します。 変数 mail_to には、送信先のメールアドレスを代入します。

変数 name には、送信先の宛名を代入します。

今回は、発注書を送るときの日付や納期も自動でメールに記載します。

```
gmail_account = '______________@gmail.com'
gmail_password = '___________'
mail_to = '__________________@gmail.com'
send_name = 'キノコード'
```

datetime モジュールの date オブジェクトの today メソッドを用いて今日の日付を生成し、変数 today_date に代入します。

また、datetime オブジェクトの timedelta メソッドで today_date から 7 日後を納期とし、変数 delivery_date に代入します。

ちなみに、引数 days のところを weeks に置き換えると週、時間は hours、分は minites に置き換えて値を指定することもできます。

それぞれ代入されているか、print 関数で確認しましょう。

```
today_date = datetime.date.today()
delivery_date = today_date + datetime.timedelta(days=7)
print(today_date, delivery_date)
```

```
2021-08-16 2021-08-23
```

今日の日付と7日後取得を確認

件名を変数 subject に代入します。

件名には先ほど送信先の宛名を代入した name を使います。

format メソッドを使用すると、引数に記述した変数が {0} の部分に反映されます。format メソッドは変数ではなく、値を直接記述することもできます。ただし、今回は宛先によって宛名や納期を変更したいので、変数で可変になるようformatの中は変数にします。

また、本文の文章も同様にformatメソッドを使って記述し、変数bodyに代入します。

本文は改行させて表示したいので、送信形式に合わせて改行コードを入れます。

ここでは、html形式で送信するのでhtmlタグのbrを記述します。件名と同様にdelivery_dateの変数を使い、{0}に納期の日付を反映させます。

```
subject = '{0} 様、{1} 分の発注書をお送りします。'.format(send_name,
today_date)
body = '表題の発注書をお送り致します。<br> 添付ファイルをご確認ください。<br>
本発注の納期は {0} でお願いします。<br><br> 株式会社キノコード'.
format(delivery_date)
```

```
print(subject)
print(body)
```

```
キノコード様、2021-08-16 分の発注書をお送りします。
表題の発注書をお送り致します。<br> 添付ファイルをご確認ください。<br> 本発注の
納期は 2021-08-23 でお願いします。<br><br> 株式会社キノコード
```

subjectとbodyを表示させ、件名と本文を確認

本文はhtmlタグがそのまま表示されていますが、納期も反映されています。

次に、MIMETextを使って本文をメール送信できる状態に変更し、変数msgに代入します。

htmlを指定しなくてもテキストメッセージでメールを送信することは可能ですが、今回はhtmlを指定しましょう。

```
msg = MIMEText(body, 'html')
print(msg)
```

```
Content-Type: text/html; charset="utf-8"
MIME-Version: 1.0
Content-Transfer-Encoding: base64

6KGo6aGM44Gu55m65rOo5pu444KS44GK6YCB44KK6Ie044GX44G+44GZ44CCPGJyPu
a3u+S7mOOD
```

```
leOCoeOCpOODq+OCkuOBlOeiuuiqjeOBj+OBoOOBleOBhOOAgjxicj7mnKznmbrms6
jjga7ntI3m
nJ/jga8yMDIxLTA4LTIz44Go44Gq44KK44G+44GZ44CCPGJyPjxicj7moKrlvI/
kvJrnpL7jgq3j
g47jgrPjg7zjg4k=
```

メッセージの中身

msg の中身を見てみます。メールの形式や文字コードともに、アルファベットと数字が出力されます。このアルファベットと数字が body に代入した本文です。この文字列は base64 という変換方式を用いて、日本語で書いた本文を英数字に変換しています。メールでさまざまな書式を扱えるようにするために、この処理を行う必要があります。

msg の中身を見てみると、本文はあるものの、件名や送信先、自分のメールアドレスが設定されていません。

したがって、次にそれらを追加していきます。

オブジェクトを代入した msg の Subject に件名、To に宛先のメールアドレス、From にあなたのメールアドレスを代入します。

こうすると、件名、宛先、送信元が追加されます。

```
msg['Subject'] = subject
msg['To'] = mail_to
msg['From'] = gmail_account
print(msg)
```

```
Content-Type: text/html; charset="utf-8"
MIME-Version: 1.0
Content-Transfer-Encoding: base64
Subject: =?utf-8?b?44Kt44O044Kz44O844OJ5qeY44CBMjAyMS0wOC0xNuWIhuO
BrueZuuazqOabuOOCkuOBiumAgeOCiuOBl+OBvuOBmeOAgg==?=
To:XXXXXX@gmail.com
From:YYYYYYY@gmail.com
```

```
6KGo6aGM44Gu55m65rOo5pu444KS44GK6YCB44KK6Ie044GX44G+44GZ44CCPGJyPu
a3u+S7mOOD
leOCoeOCpOODq+OCkuOBlOeiuuiqjeOBj+OBoOOBleOBhOOAgjxicj7mnKznmbrms6
jjga7ntI3m
nJ/jga8yMDIxLTA4LTIz44Go44Gq44KK44G+44GZ44CCPGJyPjxicj7moKrlvI/
kvJrnpL7jgq3j
g47jgrPjg7zjg4k=
```

件名、宛先、送信元が追加された

これでメッセージを送る準備ができたので、実際に送信してみましょう。

●SSL 接続でメールを送信する

送信には、smtplib モジュールを使います。

その中の SMTP_SSL は、SSL 接続でメール送信をするためのモジュールです。

このモジュールに対し、メールサーバーやポート番号を指定します。

引数に渡すメールサーバーは、Gmail の SMTP サーバーである smtp.gmail.com を使用します。

ポート番号は、Gmail の SMTP サーバー標準ポートである 465 番を指定します。

引数 context で、SSL という暗号化の仕組みを用います。

これらを変数 server に代入します。

次に、変数 server を使って Gmail サーバーにログインします。

事前に設定したアカウントとパスワードの変数を引数に渡すと、Gmail サーバーにログインできます。

変数 msg を send_message 関数に渡すことでメールを送信できます。

最後に送信されたか確認するため、print 関数で「送信完了」と表示させましょう。

メールが届いているかどうかも確認しましょう。

```
server = smtplib.SMTP_SSL('smtp.gmail.com', 465, context=ssl.
create_default_context())
server.login(gmail_account, gmail_password)
server.send_message(msg)
server.close()
print('送信完了')
```

メイン　ソーシャル　プロモーション

kinocode.contact　キノコード様、2020-08-21分の発注書をお送りします。 - 表題の発注書をお送りいたします。 添付ファイ

届いたメール

メールの中身

配信日や納期、体裁なども問題ないようです。

これで Python で Gmail を送信できるようになりました。

●添付ファイル付きの Gmail 送信

次に、ファイルを添付してメールを送信してみましょう。今回は PDF ファイルを添付する想定で進めていきます。

添付ファイル付きのメールを送信するためには、3 つのモジュールをインポートします。

MIMEMultipart……… メール本文以外に添付ファイルを送信できるようにするモジュール

MIMEBase…………… 添付ファイルの形式を指定するモジュール

encoders……………… 添付ファイルをメールで送ることができるように変換するモジュール

```
from email.mime.multipart import MIMEMultipart
from email.mime.base import MIMEBase
from email import encoders
```

先ほどと同じように、件名と本文をそれぞれの変数に代入します。

```
subject = '{0}様、{1}分の発注書をお送りします。'.format(send_name, today_date)
body = '表題の発注書をお送り致します。<br>添付ファイルをご確認ください。<br>本発注の納期は{0}となります。<br><br>株式会社キノコード'.format(delivery_date)
```

MIMEMultipart で、メール本文以外に添付ファイルを送信できるオブジェクトを生成します。

これを変数 msg に代入します。

msg に、件名、宛先、送信元を追加していきます。

MIMEText を使って本文を追加をします。ただし、先ほどとは異なり、MIMEText で生成した内容を変数 msg_body に代入します。

最後にオブジェクトに対して attach メソッドを使用することで、msg に body を追加します。

```
msg = MMIMEMultipart()

msg['Subject'] = subject
msg['To'] = mail_to
msg['From'] = gmail_account
msg_body = MIMEText(body, 'html')

msg.attach(msg_body)
```

●PDF ファイル添付の準備

送信したいファイルの名前を変数 filename に代入します。

open メソッドを使用して、送信したいファイルを読み込みます。

ここで rb を指定するとファイルの読み込みモードになります。

MINEBase メソッドでは、添付ファイルの形式を指定します。

引数で maintype と subtype を設定します。maintype には application を、subtype には PDF を指定し、これを変数 attachment_file に代入します。

set_payload メソッドで変数 attachment_file に PDF ファイルを追加します。

この時、read() メソッドでファイルを読み込ませる必要があります。

open で読み込んだファイルは close で閉じておきましょう。

最後に attach メソッドを使用して msg に PDF ファイルを追加します。

```
filename = 'order.pdf'
file = open(filename, 'rb')

attachment_file = MIMEBase('application', 'pdf')
attachment_file.set_payload((file).read())
file.close()
```

続いて、encode_base64を使用して、添付ファイルをメールで送ることができるように変換します。add_headerメソッドを使って、メールヘッダーというメールの情報が記載されている部分に添付ファイルの情報を追加します。

```
encoders.encode_base64(attachment_file)
attachment_file.add_header('Content-Disposition', 'attachment',
filename=filename)
msg.attach(attachment_file)
```

●SSL接続でメールを送信する

添付ファイルなしのGmailを送信した場合と同様に、SMTPサーバー経由でメールを送信します。メールを確認してみましょう。

```
server = smtplib.SMTP_SSL('smtp.gmail.com', 465, context=ssl.
create_default_context())
server.login(gmail_account, gmail_password)
server.send_message(msg)
server.close()
print('送信完了')
```

メイン　ソーシャル　プロモーション

kinocode.contact　キノコード様、2020-08-22分の発注書をお送りします。 - 表題の発注書をお送りいたします。

order_a.pdf

届いたメール

メールの中身

●複数の宛先に一斉送信

複数の宛先に一斉送信をする方法について見てみましょう。複数の宛先にメールを送信するためには、Pandas と Excel を使います。

Excel ファイル（mailing_list.xlsx）には、宛先名、メールアドレス、添付ファイルの 3 つのデータを記載します。

Pandas の read_excel 関数を使って Excel ファイルを読み込み、データフレームにします。

そのデータフレームを 1 行ずつ取り出し、それぞれのカラム（宛名、メールアドレス、添付ファイル）の値を取得し、先に説明した添付ファイル付きのメール送信のコードを関数化して、その関数に取得したデータを渡してメール送信をするといったことを行います。

```
import pandas as pd
```

```
df = pd.read_excel('mailing_list.xlsx')
df
```

	宛名	メールアドレス	添付ファイル
0	キノコード	xxxxxx@gmail.com	order_a.pdf
1	ユーチューブ	yyyyyy@gmail.com	order_b.pdf
2	パイソン	zzzzzz@gmail.com	order_c.pdf

データフレームの中身

1 行ずつデータを同時に取り出すには、for 文と zip 関数を組み合わせます。

zip 内に記述されたカラムの値を 1 行ずつ取り出し、変数 send_name、mail_to、filename に代入されます。

```
for send_name, mail_to, filename in zip(df['宛名'], df['メールアドレス'], df['添付ファイル']):
    print(send_name, mail_to, filename)
```

```
キノコード  xxxxxx@gmail.com  order_a.pdf
ユーチューブ  yyyyyy@gmail.com  order_b.pdf
パイソン  zzzzzz@gmail.com  order_c.pdfm
```

カラムのデータを1行ずつ取り出せる

このデータを関数に渡し、メール送信をします。

その前に、添付付きメール送信のコードを関数化しましょう。

●関数定義

関数名はgmail_sendにしましょう。

今まで書いてきたコードをインデントをつけて記述します。件名と本文を変数に代入した記述もここに持ってきます。

コードを見やすくするために、bodyへ代入する記述の箇所をトリプルクオーテーションに変更しています。そうすることで、改行して記述することができます。

filenameは、直接ファイル名を記述し変数に代入するのではなく、関数に渡した引数filenameを使います。

この関数については、件名や本文などをご自身の業務の状況に合わせて書き換えてみてください。

```
def gmail_send(send_name, mail_to, filename):

    subject = '{0}様、{1}分の発注書をお送りします。'.format(send_name, today_date)
    body = '''表題の発注書をお送り致します。<br>
              添付ファイルをご確認ください。<br>
              本発注の納期は{0}となります。<br><br>
              株式会社キノコード'''.format(delivery_date)


    msg = MIMEMultipart()
```

```
    msg['Subject'] = subject
    msg['To'] = mail_to
    msg['From'] = gmail_account
    msg_body = MIMEText(body, 'html')

    msg.attach(msg_body)

    filename = filename
    file = open(filename, 'rb')

    attachment_file = MIMEBase('application', 'pdf')
    attachment_file.set_payload((file).read())
    file.close()

    encoders.encode_base64(attachment_file)
    attachment_file.add_header('Content-Disposition', 'attachment',
filename=filename)
    msg.attach(attachment_file)

    server = smtplib.SMTP_SSL('smtp.gmail.com', 465, context=ssl.
create_default_context())
    server.login(gmail_account, gmail_password)
    server.send_message(msg)
    server.close()
    print(send_mail + ' 様： ' +'送信完了 ')
```

作成した関数と先ほどの宛先と添付ファイルの内容を取り出すzip関数を用いたfor文を使って配信をします。

確認に使用したprint関数の部分を作成した関数gmail_sendに書き換えます。

```
for send_name, mail_to, filename in zip(df['宛名'], df['メールアドレス'], df['添付ファイル']):
    gmail_send(send_name, mail_to, filename)
```

```
キノコード 様：送信完了
ユーチューブ 様：送信完了
パイソン 様：送信完了
送信完了
```

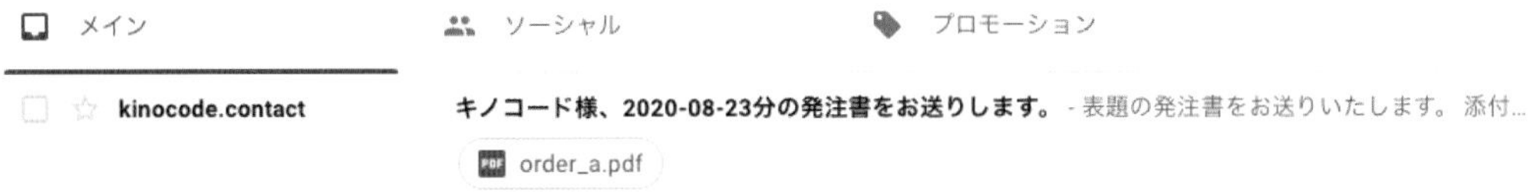

メイン	ソーシャル	プロモーション
kinocode.contact	**キノコード様、2020-08-23分の発注書をお送りします。** - 表題の発注書をお送りいたします。 添付... order_a.pdf	

キノコード様、添付ファイル order_a.pdf

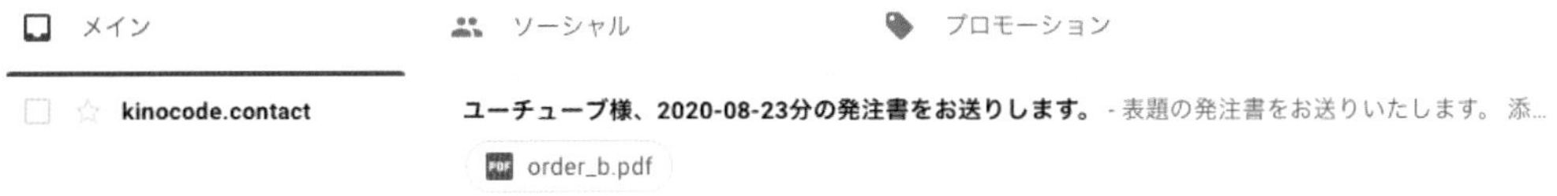

メイン	ソーシャル	プロモーション
kinocode.contact	**ユーチューブ様、2020-08-23分の発注書をお送りします。** - 表題の発注書をお送りいたします。 添... order_b.pdf	

ユーチューブ様、添付ファイル order_b.pdf

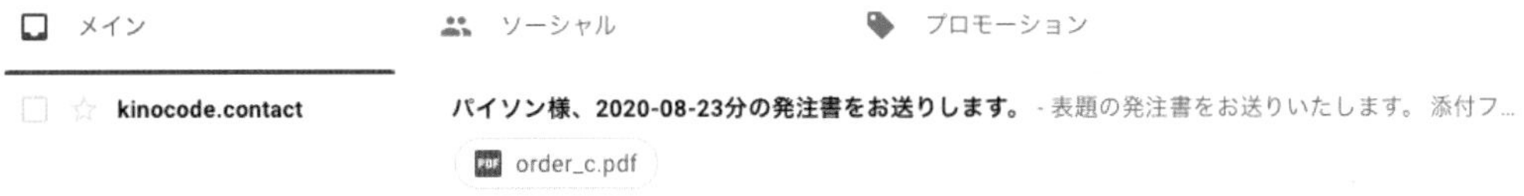

メイン	ソーシャル	プロモーション
kinocode.contact	**パイソン様、2020-08-23分の発注書をお送りします。** - 表題の発注書をお送りいたします。 添付フ... order_c.pdf	

パイソン様、添付ファイル order_c.pdf

Excel の表の通り、問題なく一斉送信ができました。

03 Webスクレイピング

「ここでは、PythonでのWebスクレイピングの方法について学びます。」

「スクレイピングとは何ですか？」

「ウエブサイトからデータを取得することをスクレイピングといいます。」

「え！？　自動で済ませられるんですか？」

「そうです。関連するデータをあっという間に集めることができます。」

「会社でもデータ収集をする業務もあるので、今のうちに習得したいです。」

「ただし、注意すべき点もあります。」

「それは学習する前に確認しておきたいところですね。」

「そうですね。Webスクレイピングをする上での注意点について説明します。」

【Web スクレイピングの注意点】

Web スクレイピングをする際に気をつけるべきことが主に 3 つあります。

1 つは、サイトの利用規約を必ず確認すること。

ちなみに、Web スクレイピングは禁止されていても API でのデータ取得が許可されているサービスもあります。

2 つ目は、Web サイトに公開された画像に著作権がある場合、必ず著作権者に許可が必要です。

著作権侵害にならないように気をつけましょう。

最後に、Web サーバーに負荷をかけてしまことです。

短時間に何度もリクエストを送ってしまうと、Web サーバーに負担がかかります。

Web スクレイピングで Web サーバーに負荷をかけてしまい、裁判になったケースもあります。

過度な負担をかけないよう注意しましょう。

「3つの注意点に配慮しながら進めていきます。むやみやたらに実装するのは危険ですね。」

「そうですね。ではさっそくWebスクレイピングの使い方について見ていきましょう」

具体的なケース

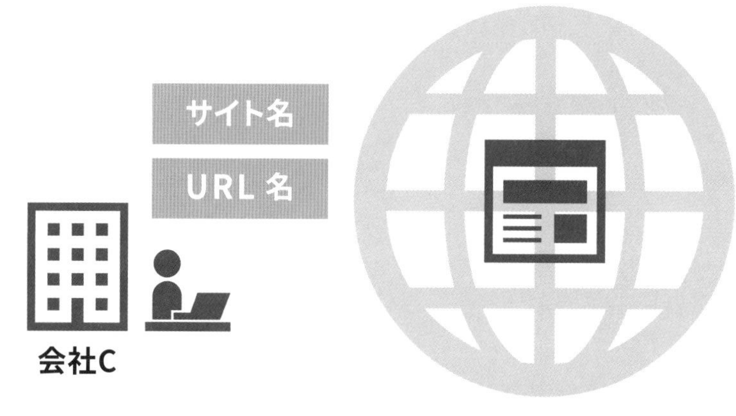

自動化ケースイメージ

例えば、価格比較サイトを運営する会社 C があるとします。

会社 C の担当者は、データ収集のために毎日ブラウザを使って販売サイト名とその URL をファイルにまとめています。

たくさんのサイトを調査しているため、毎日約 1 時間かかっています。

このデータ収集業務を自動化できたら、1 か月で約 20 時間削減することができます。

このような面倒な作業は全て Python にやってもらいましょう。

●データ収集を行うサイト

今回、キノコードのブログに Web スクレイピング練習専用のページを作りました。

こちら (https://kino-code.work/) にアクセスをして、データ収集を行います。

ここでは、上記のサイトより Python コースのタイトルと URL を取得します。

具体的には、HTML を解析し、必要なデータを抽出します。

そして、そのデータを CSV ファイルに書き込む操作を行います。

Python での Web スクレイピングは、beautifulSoup というライブラリを使うのが一般的です。

beautifulSoup は、HTML を読み取るためのライブラリです。

ウェブページは、HTML と呼ばれる言語で書かれています。

beautifulSoup は、この HTML を読み取り、ページのタイトルを取得したり、URL の部分だけを取得したりすることができます。

また、**urllib** は URL を扱うためのライブラリです。

urllib の中の request を使うと、Web サイトにあるデータにアクセスすることができます。

インストールはこちらを実行します。

```
!pip install beautifulSoup4
```

それでは、必要なライブラリをインポートしてはじめましょう。

```
from bs4 import BeautifulSoup
import urllib.request as req
```

まずはシンプルな HTML で試してみましょう。

例えば、このような HTML を変数 html に代入します。

変数 html の中身を見てみましょう。HTML の構造は以下の通りです。

```
html="""
<html>
    <head>
        <meta charset=""utf-8"">
        <title> キノコード </title>
    </head>
    <body>
        <h1> こんにちは </h1>
    </body>
</html>
"""
```

```
html
```

```
'\n<html>\n    <head>\n        <meta charset=""utf-8"">\n
<title> キノコード </title>\n    </head>\n    <body>\n        <h1> こ
んにちは </h1>\n    </body>\n</html>\n'
```

HTMLの中身。構造が崩れてわかりにくい

体裁が崩れて、構造がよくわかりませんね。

この HTML を、beautifulSoup を使って解析をしてみます。

beautifulSoup の引数に記述した html.parser は、HTML を解析するという意味です。

これを変数 parse_html に代入します。

```
parse_html = BeautifulSoup(html, 'html.parser')
```

```
print(parse_html)
```

```
<html>
<head>
<meta charset="utf-8" utf-8""=""/>
<title> キノコード </title>
</head>
<body>
<h1> こんにちは </h1>
</body>
</html>
```

整理され、構造がわかりやすい

HTML として、見やすくなったことがわかりますね。

prettify メソッドを使うと、インデントも施され、さらに綺麗に整理された HTML になります。

```
print(parse_html.prettify())
```

```
<html>
 <head>
  <meta charset="utf-8" utf-8""=""/>
```

```
    <title>
     キノコード
    </title>
  </head>
  <body>
    <h1>
     こんにちは
    </h1>
  </body>
</html>
```

元のコードと同等になり、構造的によりわかりやすい

●専用サイトのタイトル取得

ここからは、キノコードのブログをWebスクレイピングしてデータを取得してみます。

「Python超入門コースページ」に遷移する記述をします。

変数urlに、ブログのURLを代入し、urlopenメソッドで指定したウェブサイトのHTMLを取得します。

```
url = 'https://kino-code.work/python-super-basic-course/'
response = req.urlopen(url)
```

先程記述したHTMLの部分をresponseに書き換えます。

parse_htmlの中身を見てみましょう。

```
parse_html = BeautifulSoup(response, 'html.parser')
```

```
parse_html
```

```
<!DOCTYPE html>
<html lang="ja"><head><script async="" src="https://www.
googletagmanager.com/gtag/js?id=UA-140862964-1"></
script><script>window.dataLayer=window.dataLayer||[];function
gtag(){dataLayer.push(arguments);}gtag('js',new Date());gtag('conf
```

大量のHTML

ここでは全てを載せきれませんが、大量のHTMLが返ってきます。これでは何だかよくわかりませんよね。

そこで、HTMLのtitleタグの部分のみを取得する記述をし、printで表示させます。

```
print(parse_html.title)
```

```
<title>Python 超入門コース テストページ | KinoCodeWork</title>
```

取得したtitleタグ。タグも表示されている

しかし、titleタグも付いてしまっていますね。

titleの後にstringを記述することで、テキストの部分のみを表示できます。

```
print(parse_html.title.string)
```

```
Python 超入門コース テストページ | KinoCodeWork
```

取得したtitleタグのテキスト部分のみ表示

次に、aタグの部分に記載されたURLを取得します。

find_allメソッドを使って、ページ内にあるaタグを全て取得します。

```
print(parse_html.find_all('a'))
```

```
[<a class="site-name site-name-text-link" href="https://kino-code.
work/" itemprop="url"><span class="site-name-text" itemprop="name
about"><img alt="KinoCodeWork" class="site-logo-image header-site-
logo-image" height="100" src="http://kino-code.work/wp-content/
uploads/2019/07/logo-1.png" width="535"/></span></a>, <a
```

取得したaタグ

```
title_lists = parse_html.find_all('a')
```

一部分のみ表示してみましょう。

```
title_lists[2:17]
```

```
[<a href="https://kino-code.work/course-python01-course-introduction/">Python 超入門コース #01 Python のコース紹介 </a>,
 <a href="https://kino-code.work/course-python02-what-python/">Python 超入門コース #02 Python とは？ </a>,
 <a href="https://kino-code.work/course-python03- 超入門コース #05 実
```

取得したaタグ

string を使って、任意の行のテキストのみを取得してみましょう。

```
title_lists[10].string
```

```
'Python 超入門コース #08 リスト '
```

任意の行のテキストのみ取得

次に、href 属性のみを取得します。 これにより、URL のデータを取得できます。

attrs は attributes の略です。 アトリビュートとは、英語で属性を意味します。

```
title_lists[10].attrs['href']
```

```
'https://kino-code.work/coruse-python08-list/'
```

URL 取得

取得した URL から、タイトルと URL に分けます。

まず、タイトルと URL を格納するために空リストを作成します。 続いて、for 文を記述します。

title_lists の中身が順次、カウンタ変数 i に代入されます。

append メソッドで、それぞれ要素を追加します。

```
title_list = []
url_list = []

for i in title_lists:
    title_list.append(i.string)
    url_list.append(i.attrs['href'])
```

```
title_list
```

```
[None,
 'ホーム',
 'Python 超入門コース #01 Python のコース紹介',
 'Python 超入門コース #02 Python とは？',
 'Python 超入門コース #03 環境構築 for Mac',
 'Python 超入門コース #03 環境構築 for Windows',
 'Python 超入門コース #04 プログラムの基本構造',
```

取得したタイトルのリスト

```
url_list
```

```
['https://kino-code.work/',
 'https://kino-code.work',
 'https://kino-code.work/course-python01-course-introduction/',
 'https://kino-code.work/course-python02-what-python/',
 'https://kino-code.work/course-python03-environment/',
```

取得したURLのリスト

title_list と url_list それぞれにデータを格納できましたね。

●CSV へ書き出し

取得したタイトルと URL のリストを 1 つのデータフレームにまとめ、CVS に書き出してみます。

まず、Pandas の DataFrame メソッドを使ってデータフレームを作成します。

データフレームを代入する変数は df_title_url とし、引数には、データフレームにしたいカラムを辞書型で記述します。

```
import pandas as pd
```

```
df_title_url = pd.DataFrame({'Title':title_list, 'URL':url_list})
df_title_url
```

	Title	URL
0	None	https://kino-code.work/
1	ホーム	https://kino-code.work
2	Python超入門コース#01 Pythonのコース紹介	https://kino-code.work/course-python01-course-...
3	Python超入門コース#02 Pythonとは?	https://kino-code.work/course-python02-what-py...
4	Python超入門コース#03 環境構築 for Mac	https://kino-code.work/course-python03-environ...

タイトルとURLのデータフレーム

●欠損値削除

データフレームのTitleの列にNoneという欠損値があるので、除きましょう。欠損値の除外にはdropnaメソッドを使います。これを再び、変数df_notnullに代入します。

引数howには、anyを指定します。 これは、行に1つでも欠損値があれば削除するという意味です。

```
df_notnull = df_title_url.dropna(how='any')
df_notnull
```

	Title	URL
1	ホーム	https://kino-code.work
2	Python超入門コース#01 Pythonのコース紹介	https://kino-code.work/course-python01-course-...
3	Python超入門コース#02 Pythonとは?	https://kino-code.work/course-python02-what-py...
4	Python超入門コース#03 環境構築 for Mac	https://kino-code.work/course-python03-environ...

欠損値が除かれたデータフレーム

「Python超入門コース」以外の行もあるので、除いていきます。

シリーズのstr.containsメソッドで、タイトルに「Python超入門コース」が含まれているかどうかを判定します。

str.containsメソッドは、特定の文字を含むときは「True」含まないときは「False」を返します。他にも特定の文字列で始まるものを判定したい場合はstr.startswithメソッド、特定の文字列で終わるものを判定する場合はstr.endswithメソッドを使います。

```
df_notnull['Title'].str.contains('Python超入門コース')
```

```
1      False
2       True
3       True
4       True
5       True
```

str.containsの結果

データフレームにこの True か False のブール値を渡すと、True の行のみ取得できます。

```
df_notnull[df_notnull['Title'].str.contains('Python 超入門コース ')]
```

	Title	URL
1	ホーム	https://kino-code.work
2	Python超入門コース#01 Pythonのコース紹介	https://kino-code.work/course-python01-course-...
3	Python超入門コース#02 Pythonとは?	https://kino-code.work/course-python02-what-py...
4	Python超入門コース#03 環境構築 for Mac	https://kino-code.work/course-python03-environ...

「Python超入門コース」が含まれる行のみ抽出

さらにこれを変数 df_contain_python に代入しておきます。

```
df_contain_python = df_notnull[df_notnull['Title'].str.
contains('Python 超入門コース ')]
```

to_csv メソッドを使って、指定した CSV ファイルに値を書き出すことができます。

```
df_contain_python.to_csv('output.csv')
```

output

	Title	URL
2	Python超入門コース#01 Pythonのコース紹介	https://kino-code.work/course-python01-course-introduction/
3	Python超入門コース#02 Pythonとは？	https://kino-code.work/course-python02-what-python/
4	Python超入門コース#03 環境構築 for Mac	https://kino-code.work/course-python03-environment/
5	Python超入門コース#03 環境構築 for Windows	https://kino-code.work/course-python03-environment-for/
6	Python超入門コース#04 プログラムの基本構造	https://kino-code.work/course-python04-basic-structure/
7	Python超入門コース#05 実行	https://kino-code.work/course-python05-runtime/
8	Python超入門コース#06 変数	https://kino-code.work/course-python06-variable/
9	Python超入門コース#07 データ型	https://kino-code.work/course-python07-data-type/
10	Python超入門コース#08 リスト	https://kino-code.work/coruse-python08-list/
11	Python超入門コース#09 演算子	https://kino-code.work/course-python09-operator/
12	Python超入門コース#10 条件分岐	https://kino-code.work/course-python10-conditional-branch/
13	Python超入門コース#11 反復	https://kino-code.work/course-python11-repetition/
14	Python超入門コース#12 関数	https://kino-code.work/course-python12-function/
15	Python超入門コース#13 クラス	https://kino-code.work/course-python13-class/
16	Python超入門コース#14 実践	https://kino-code.work/course-python14-practice/

完成したCSVファイル

COLUMN

どのぐらいで習得できる?

どのぐらいでプログラミングは習得できるようになるのでしょうか？
本書のテーマである、仕事の自動化について考えてみましょう。
学習内容はPythonの基礎、Pandas、ExcelやGmailなどの自動化の3つです。
これら3つを解説した私のYouTubeのレッスン動画は計8時間程になります。
実際にご自身でプログラムを書いて実行しなければできるようになりませんので、その5倍から10倍時間がかかったとします。
つまり、40時間から80時間かかるということになります。
したがって、仕事の自動化については、毎日2時間勉強すれば40日、3時間勉強すれば1ヶ月以内で習得できる計算になります。
これらの学習が終わったら、仕事の自動化だけでなく、プログラミングがどんなものか理解できるようになっているはずです。
プログラミングの関連書籍もだいぶ読めるようになりますし、分からないことを自分で解決しながら学習を進められるようになっているでしょう。
一方、簡単なWebサイトであっても公開してユーザーに使ってもらうとなると、仕事の自動化よりも難易度があがります。
Pythonの他に、サーバーの知識やデータベースの知識が必要になってくるからです。
全くの未経験者であれば、毎日2時間。3ヶ月〜半年ぐらいをみた方が良いかもしれません。

索引

著者紹介

著者の先祖が紀貫之。「キノ」貫之の子孫が「コード」を書いているという意味の「キノコード」という名前で活動。
YouTubeでプログラミング学習やIT用語の動画を配信している。
中小IT企業、リクルートの勤務を経て起業。会社員在職中は、DX推進、人工知能をサービスに実装することなどに従事。個人向けのデータサイエンティスト養成講座や、企業向けのDX講座を主催。現在はプログラミング学習のWebサービスを開発中。

YouTube「キノコード / プログラミング学習チャンネル」連動
KinoCodeプログラミングシリーズ

あなたの仕事が一瞬で片付くPythonによる自動化仕事術

2021年12月25日　初版第1刷発行

著　　者　キノコード
装　　丁
イラスト　村田沙奈
D T P　米本　哲
奥付写真　斎藤　泉

発 行 者　山本　正豊
発 行 所　株式会社ラトルズ
〒115-0055　東京都北区赤羽西4-52-6
TEL　03-5901-0220　FAX　03-5901-0221
http://www.rutles.net

印刷・製本　株式会社ルナテック

ISBN978-4-89977-515-7　Copyright ©2021　KinoCode　Printed in Japan